U0192444

给孩子的
极简Python
编程书 应用篇1

编程与绘图

一石匠人　廖世容　著

电子工业出版社
Publishing House of Electronics Industry
北京·BEIJING

图书在版编目（CIP）数据

给孩子的极简 Python 编程书. 应用篇. 1，编程与绘图 / 一石匠人，廖世容著. —北京：
电子工业出版社，2023.10

ISBN 978-7-121-46496-6

Ⅰ. ①给…　Ⅱ. ①一…　②廖…　Ⅲ. ①软件工具－程序设计－少儿读物　Ⅳ. ①TP311.561-49

中国国家版本馆 CIP 数据核字（2023）第 198637 号

责任编辑：王佳宇
印　　刷：北京市大天乐投资管理有限公司
装　　订：北京市大天乐投资管理有限公司
出版发行：电子工业出版社
　　　　　北京市海淀区万寿路173信箱　　邮编：100036
开　　本：720×1000　1/16　印张：37.75　字数：543.6千字
版　　次：2023 年 10 月第 1 版
印　　次：2023 年 10 月第 1 次印刷
定　　价：149.00 元（全 4 册）

凡所购买电子工业出版社图书有缺损问题，请向购买书店调换。若书店售缺，请与本社发行部联系，联系及邮购电话：（010）88254888，88258888。

质量投诉请发邮件至 zlts@phei.com.cn，盗版侵权举报请发邮件至 dbqq@phei.com.cn。

本书咨询联系方式：电话（010）88254147；邮箱wangjy@phei.com.cn。

0 前言

preface

　　我的上一本图书《读故事学编程——Python 王国历险记》已经出版四年时间了。再次提笔写书的主要动机是给自己的孩子看。作为少儿编程教育的从业者，我深知编程对孩子成长的重要作用。同时我也看到了在少儿编程课程设计中孩子学习与练习会遇到的诸多问题。作为两个孩子的父亲，我想把最好的少儿编程内容教给他们，让他们少走弯路、节约时间、关注要点。于是就有了这套书的编写计划。

　　在持续写作的过程中我突然意识到这套书还可以帮助更多的孩子，于是这套书才得以与读者朋友们见面。

一、写作原则

知识选取

　　并不是所有的编程知识都适合孩子学习，也不是效果越酷炫的内容越值得孩子学习。本书不是一个"大而全"的手册或说明文档，而是选取了最必要的、最常使用的、应用场景多的、相对简单的知识点。知识点的数量不是最多的，但是学精学透，可以以一当十。

案例选取

　　针对同一个知识点，本书既会选取与生活息息相关的案例，也会选取天马行空的案例，是"魔幻现实主义"。这样既能让孩子了解编程原理在生活中的应用，也能启发孩子思考、激发孩子想象力，从而提高孩子的编程兴趣，提升学习效果。例如，讲解条件语句时我既会用到《哈尔的移动城堡》里任意门的案例，也会涉及自助售卖机的案例。

关注角度

除了让孩子能理解原理、读懂程序、编写程序，这套书也着力促进孩子观察与思考、拓展与迁移。讲解完知识要点及标准案例后，会启发孩子观察生活中应用新知识的地方，鼓励孩子去模拟和创造；也会在基本案例讲解完后启发孩子多思考、多改进、多优化现有的程序，以此达到学以致用的目的。

二、主要内容

这套书共四个分册：第一个分册是理论基础，其他三个分册是实践应用。三个应用方向分别为程序绘图、游戏设计、应用程序制作。学习第一个分册是学习其他三个分册的基础和前提。

《给孩子的极简 Python 编程书（基础篇）——编程与生活》

选取最常用和最易学的核心知识点，聚焦对 Python 编程基础知识的学习，让孩子真正学会。采用一些孩子在生活中常见的案例，也涉及一些充满想象力的虚构案例，让孩子产生浓厚的编程兴趣，能持续学习。同时也对编程知识背后的思想及生活中的应用场景进行拓展，引发孩子思考，学精学透、学以致用。

《给孩子的极简 Python 编程书（应用篇 1）——编程与绘图》

学习利用编程绘画。这个过程需要反复应用第一个分册中学到的基础知识，是夯实基础的过程。同时会学习绘图的相关代码知识，拓宽孩子的视野。除了讲解编程知识，也为孩子总结了程序绘画的基本要点和技巧，帮助孩子举一反三，实现自己创作。这个分册的内容也结合了很多数学知识，帮助孩子体会数学的魅力，提升跨学科应用的能力。

《给孩子的极简 Python 编程书（应用篇 2）——编程与游戏》

学习利用编程进行游戏设计。首先用最短的篇幅介绍了最核心、最必要的游戏设计的编程知识，然后由简到难地学习多个游戏案例。在练习与实践中进步。除了知识层面的讲解，还总结了游戏制作的通用模式，讲解设计游戏创新的简单方法，启发孩子思考，为孩子创作属于自己的游戏、发挥创意提供保障。

《给孩子的极简 Python 编程书（应用篇 3）——编程与应用》

在应用理论知识的基础上，学习带界面的、可用于学习和生活的应用程序的制作方法。这个分册教授孩子们最常用的核心知识点，总结制作带界面的应用程序的规律与技巧，按照由简到难的顺序进行设计，在实践中学习。关注创新方法的总结，让孩子举一反三。

三、使用方法

第一种方法：每个分册依次学习，先学第一个分册的基础知识，再任意选择应用方向：绘图、游戏、带界面的应用程序，三个应用方向没有先后顺序。

第二种方法：整套书穿插使用，第一个册的基础知识会与其他三个分册有对应关系，学到某个阶段的基础就可以跳到感兴趣的应用方向（选择部分应用方向或所有应用方向）进行深入学习。

写作是一件极其耗费心力的工作。我很庆幸妻子廖世容成为本书的共同作者，有近一半的案例及文字都是由她创作完成的。此生得此家庭中的好妻子、工作上的好伙伴，幸甚。

本书从构思到出版历时近一年半的时间，期间编辑王佳宇老师与我保持着高频次的讨论沟通，大到整套书的定位和结构，小到标点符号的正确使用。编辑真是一项伟大的、辛苦的工作。可以说王老师的付出让这套书的质量上了好几个台阶，感谢。

一石匠人

Contents

| 第一章 |

做编程世界的"神笔马良"
—— 为什么用程序绘画

了解程序绘画的优势

当你第一次听到用程序绘画的时候,是不是有点儿惊讶?为什么用程序绘画?它和纸笔绘画有什么区别?程序绘画有哪些优势?思考这些问题,你的程序绘画之旅从此刻就开始啦!

1

1. 快速绘制，无须等待

我们用纸笔画一张画可能需要几十分钟或者更长时间，但用程序绘画就会快很多。在按下运行按钮后，几秒内就可以得到我们设计的绘画作品。想象一下，你设计了一个虚拟的街头艺人，在你凝视他的一瞬间，现场绘制的作品就已经交到你的手中了。

2. 细心、严谨、精确、耐心的助手

使用程序绘画的过程就像给自己找了一个细心、严谨、精确、耐心的助手。你负责设计作品的方案，撰写代码。而这位助手能够完全读懂你的心意，分毫不差地执行你的设计方案，最后形成一幅作品。更可贵的是这个助手非常细心、严谨、精确，能够做到与设计方案完全一致，根本不出错。而且他非常有耐心，即使你让他重复绘制一千次、一万次、一百万次相同的圆点，他也会认真负责、一丝不苟地完成任务。

3. 一次设计,无限次复制

假设你用纸笔画的一张画卖了很高的价钱,过一段时间你还想画一张完全一样的,这恐怕很难实现。但用程序绘画就不一样了,只要你设计好了程序,就可以随时随地、无限次地绘制,并且程序可以保证这些作品的每个细节都完全一样。

设计好程序后点击运行,观察计算机一笔一笔地勾勒出我们的作品的过程,会让我们非常享受。那一刻,自己仿佛是"上帝"。

4. 容易修改,可以变得更好

假如有一幅画,在快被画完时突然发现一个重要的位置画错了,或者在被画完后发现一部分的颜色涂错了,或者在完成两年后发现再加上一只猫就更完美了……如果是用纸笔绘画,出现这些情形估计很难修改,即使能够修改也会存在破坏原来作品的风险。但用程序绘画就不存在上述问题了,你可以在写完程序后随时修改,更换造型、改变颜色、添加物品等都能实现,即使画作完成很多年了,但是如果发现画面可以被修改得更好,你就可以通过敲击键盘实现修改。也就是说,只要你愿意,永远可以把程序绘画的作品修改得更好。

如果你还想保留原来的绘画程序,怎么办?把原来的程序复制保存一下就可以了。

除此之外,你还可以改进别人创作的绘画程序,当然别人也可以升级你的程序。你甚至可以创作一幅由几代人创作的传家宝 —— 你编写了一段绘制精美图画的程序，多年后你的下一代改进了你的程序代码，绘制出更美丽的图案，又过了许多年，你的孙子修改了你孩子的程序代码……依次类推，一个"数码传家宝"就诞生了。

5. 创造惊喜，添加随机因素

如果你认为程序只是机械地执行你的想法的助手，那你就太小看它了！它其实可以发挥更大作用，参与到你的创作中，成为你理想的合作伙伴。这主要归功于随机操作，你负责设计作品的一部分，其他的交给程序执行，每次运行程序都会给你创造不一样的惊喜。代码是同一段代码，但是就像世界上没有两片相同的树叶一样，你的这段程序永远也不会绘制出两幅一模一样的图片。是不是很期待了？

这样你就可以通过同一段代码实现画作的批量生产了。你甚至可以尝试着先让程序绘制上百幅作品，然后从中选择最优秀的几幅。你也可以通过这种方式快速地创作一个系列的作品。

6. 这件事情真的很酷

选择用程序绘画的最后一个原因，同时也是最重要的原因：用程序绘画这件事真的很酷！你只需要一台计算机，只需要敲击一段代码就可以得到一幅或很多幅绘画作品。你的家人、朋友、同学可能完全没有过这样的体验，他们会佩服、赞赏你……

而这一切美好就从你翻开这本书开始了……

| 第二章 |

程序绘画的核心技法
—— 画笔的控制

重点知识

1. 掌握画笔移动的方法
2. 熟悉画笔左转、右转的方法
3. 学习抬笔、落笔的方法

你擅长绘画吗？你喜欢绘画吗？你之前有过绘画经历吗？只要你的回答中有一个是肯定的，你就可以通过这本书的内容成为一名程序绘画高手。甚至通过本章的内容，你就可以掌握程序绘画的核心要领并开始用程序绘制自己的作品。

绘画很难吗？不！你只需要一张纸和一支笔，然后让笔在纸上移动就可以了。用程序绘画也是一样的，准备好工具，并且有规划地让画笔移动就可以了。其实用程序绘画与用纸笔绘画非常相似，最核心的技法就是画笔控制—— 让画笔移动。这一章我们就来学习如何让画笔移动。

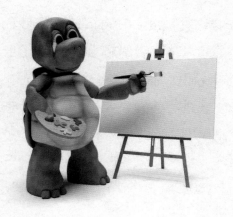

2.1　准备好绘画的工具箱 —— 导入 turtle 库

我们用纸笔绘画前需要先准备好绘画的工具箱。在 Python 编程中也有一个专门存储绘画工具的工具箱 —— turtle 库。turtle 的意思是海龟，在用 turtle 库绘画时，代表画笔的光标就像一只尾巴蘸了墨水的小海龟，它爬过的地方会留下墨迹，也就形成了一幅画。

其实在 Python 编程中有很多库，分别对应着不同的用途。我们在第一个分册中已经学习了可以生成随机数的 random 库，后面还会学习很多其他用途的库。

无论是什么库，想要使用库里的功能，第一步要导入库。下面我们就来导入绘图用的 turtle 库吧！代码如下。

```
from turtle import *
```

2.2　让画笔动起来 —— 前进、后退

准备好 turtle 库，下面就让画笔动起来吧！

让画笔向前移动是通过 forward() 实现的，我们给计算机下的命令要明确，让海龟笔前进时一定要明确爬多远，爬几步，这个数字要作为参数放在 forward() 的括号里。海龟笔移动一步的距离其实是一个像素（如果你对像素这个概念感到疑惑先不要太在意，只要知道这里的一个像素是距离单位就可以，你可以修改 forward() 中的参数，感受一下一个像素的大小。

想让海龟笔前进 100 步，可以用下面的代码实现。

```
forward(100)
```

运行代码之后，发现海龟笔果然向前移动了一段距离，并且在它移动过的地方留下了一条线。海龟笔的初始方向向右，"向前"是针对海龟笔的朝向确定的，所以海龟笔向右画出了一条线。

但是在某些代码编辑器中，还没等我们看清，画布就消失了，怎么能让画布一直显示呢？只需要在程序的最后一行加上 done() 就可以了。所以，我们让海龟笔向前移动 100 步的完整代码如下。

```
from turtle import *
forward(100)
done()
```

运行代码，结果如图 2.1 所示。

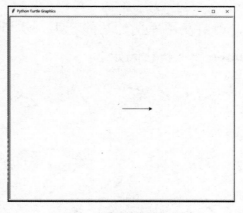

图 2.1　海龟笔前进 100 步

有前进就有后退，让海龟笔后退是通过 backward() 完成的，后退多少步要作为参数放在 backward() 的括号里。让海龟笔前进 100 步，再后退 200 步，代码如下。

```
from turtle import *
forward(100)
backward(200)
done()
```

运行代码，结果如图 2.2 所示。

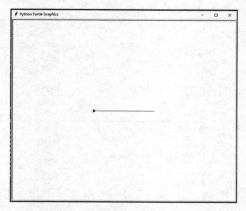

图 2.2　海龟笔前进 100 步，再后退 200 步

2.3　避免海龟笔撞墙 —— 左转、右转

前面学习的内容已经能够让海龟笔向前或向后移动，并且能够设置移动的距离。但目前的海龟笔还是一个宁肯撞墙也不会转弯的"傻小子"。怎么让它转弯呢？通过 left()、right() 就可以了。left() 控制左转，right() 控制右转。

我们已经知道，给计算机下命令要明确、具体。让海龟笔转弯除了告诉它方向（左或右）外，还要告诉它旋转的角度。代表角度的数字要作为参数放在 left() 或 right() 的括号里。

9

例如，我们让海龟笔向右旋转 90°，代码如下。

```
right(90)
```

海龟笔学会旋转后，我们就可以尝试着画一个长方形了，代码如下。

```
from turtle import *
forward(200)
right(90)
forward(100)
right(90)
forward(200)
right(90)
forward(100)
done()
```

运行代码，结果如图 2.3 所示。

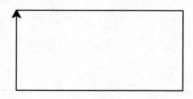

图 2.3　长方形

我们让海龟笔向左旋转 60°，代码如下。

```
left(60)
```

同样的道理，我们可以绘制一个五角星，代码如下。

```
from turtle import *
for i in range(5):
    forward(200)
    left(144)
done()
```

你来想一想，五角星的一个内角是 36°，为什么在代码中要让海龟笔旋转 144° 呢？想象一下，在五角星的每个拐角处如果不旋转要怎样画线呢？最终我们用程序画的五角星如图 2.4 所示。

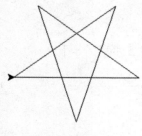

图 2.4　五角星

2.4　抬笔和落笔

现在我们遇到了一个难题，程序绘画中海龟笔默认的初始位置在画布的正中心，海龟笔在移动的过程中会留下笔触，如果我们想在画布的其他位置开始绘画，那应该怎么办呢？

如果我们用纸笔绘画，需要抬起笔，然后将笔移动到合适的位置，再落笔，然后开始画。想要画一幅画，抬笔、落笔真的很重要。同样地，在程序绘画中，抬笔和落笔也很重要，在代码实现方面非常简单，抬笔的代码如下。

```
penup()
```

落笔的代码如下。

```
pendown()
```

抬笔之后，移动画笔不会留下痕迹，落笔之后，移动画笔才会留下痕迹。例如，我们可以通过下面的代码画一条虚线。

```
from turtle import *
for i in range(5):
    penup()
    forward(20)
```

11

```
    pendown()
    forward(20)
done()
```

运行代码，结果如图 2.5 所示。

图 2.5　虚线

2.5　海龟笔的"乾坤大挪移"——goto()

如果你想尝试用前面的方法画一些稍微复杂的图形，就会发现让海龟笔到达指定的一个点不太容易，需要我们经过很多复杂的运算才能实现。接下来介绍一种简便的方法——goto()。

其实整个画布处在一个坐标系中，画布中的每个点都可以通过两个坐标数值来表示。也就是说画布上其实有两把隐形的标尺 —— 水平方向的 x 轴和垂直方向的 y 轴。x 轴的零点在屏幕正中心，越向右横坐标越大；y 轴的零点也在屏幕正中心，越向上纵坐标越大。x 轴和 y 轴的交点在画布的中心位置，坐标系如图 2.6 所示。

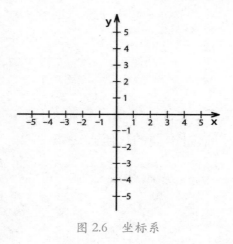

图 2.6　坐标系

怎么用两个数字表示画布上的任何一个位置呢？只要找到这个位置在 x 轴和 y 轴这两个隐形的标尺上对应的数值就可以了，这两个数值是点的坐标值。

有了点的坐标值就可以使用"乾坤大挪移"了。goto() 需要在括号里填写两个参数，这两个参数就是点的横坐标和纵坐标。

例如，想让海龟笔移动到横坐标为 100、纵坐标为 200 的位置，需要用下面的代码完成。

```
goto(100, 200)
```

上面这行语句翻译过来就是移动到坐标为 (100,200) 的点的位置，如果海龟笔处于落笔状态，移动过程也会留下痕迹。

学会了这个方法，用程序绘画就简单多了，我们只需要找到一系列点的坐标，然后连续使用 goto() 就可以了。

例如，我们可以通过连续使用 goto() 来画一个四角星，代码如下。

```
from turtle import *
goto(0, 200)
goto(50, 50)
goto(200, 0)
goto(50, -50)
goto(0, -200)
goto(-50, -50)
goto(-200, 0)
goto(-50, 50)
goto(0, 200)
done()
```

运行代码，结果如图 2.7 所示。

13

图 2.7　四角星（有海龟笔）

2.6　隐藏和显示海龟笔

在前面案例的效果图中，海龟笔都停留在画面中，这影响了画面的呈现效果。我们可以根据需要，通过 hideturtle() 隐藏海龟笔，也可以根据需要，通过 showturtle() 显示海龟笔。

需要说明的是，隐藏海龟笔不影响其在移动过程中画线。我们可以将其理解为一支看不见的"隐身笔"，它是可以画画的。

例如，在下面的四角星案例中，我们可以把 hideturtle() 放在所有的 goto() 语句之前，这样就使海龟笔变为一支"隐身笔"，绘画的全程我们看不见海龟笔，同时不影响最后的效果，代码如下。

```python
from turtle import *
hideturtle()
goto(0, 200)
goto(50, 50)
goto(200, 0)
goto(50, -50)
goto(0, -200)
goto(-50, -50)
goto(-200, 0)
goto(-50, 50)
```

```
goto(0, 200)
done()
```

绘画过程中没有看见海龟笔，最终的作品中也没有海龟笔，结果如图 2.8 所示。

图 2.8　四角星（无海龟笔）

当然，在四角星这个例子中，我们也可以把 hideturtle() 放在 done() 之前，所有 goto() 语句的后面，这样就会在绘画过程中看到海龟笔移动，但在作品完成后海龟笔立刻隐藏，不会显示在最终的作品中。

在这一章你已经学习了程序绘画中最核心的内容 —— 画笔控制。包括画笔的前进、后退、左转、右转、到任意点、抬笔、落笔等。你会不会觉得核心知识太简单了？这就是所谓的大道至简吧！只要熟练运用，再加上一点创意，就能创作出让人惊叹的作品哦！

这里有一个诀窍分享给你，在用程序绘画之前，可以先用纸笔画个草稿图，这样往往能够事半功倍，快来创作你的作品吧！

| 第三章 |

程序绘画核心技法的初步应用

重点 点知识

1. 巩固画笔控制的核心技法
2. 掌握设置画笔粗细、颜色的方法

我们已经掌握了控制画笔的核心技法。下面就开始我们的创作之旅吧！在这一章，你会惊讶地发现，即使用最简单的线条也能绘制出厉害的作品！

3.1　旋转的正方形

我们先从最简单的开始吧！先来画一个正方形。这个很简单，通过 forward(200) 先来画正方形的一条边，然后通过 left(90) 让画笔旋转 90°，准备画下一条边。上面的步骤重复四次，一个正方形就画好了。重复四次的过程我们用 for 循环语句来实现，代码如下。

```
from turtle import *
for i in range(4):
    forward(200)
    left(90)
done()
```

运行代码，我们得到了一个正方形，如图 3.1 所示。

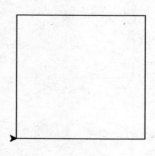

图 3.1　正方形

只画一个正方形太单调了，我们可以重复上面的绘制过程，并且每次旋转 10°，看看会发生什么奇迹？

在写代码的时候把上面画一个正方形的过程作为一个整体代码块重新放在一个新的 for 循环语句里，所以第一个代码块在保持原有缩进的同时整体再次缩进。这属于 for 循环语句的嵌套，刚开始的时候很容易把缩进弄错。但不用担心，出错是学习的必经之路，在编程的过程中一定会经常出现错误，在改正错误的过程中，我们会慢慢变得厉害。

多次重复旋转并绘制同一个正方形的代码如下。

```
from turtle import *
for i in range(36):
    right(10)
    for i in range(4):
        forward(200)
        left(90)
done()
```

如图 3.2 所示，看起来效果还不错，很难想象这么复杂的图形其实就是通过旋转、复制同一个正方形实现的。

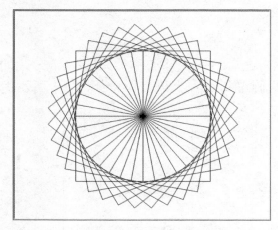

图 3.2　重复旋转、复制正方形

3.2　钻石

下面我们加大难度，一起来绘制一颗钻石。钻石图案看起来有点儿复杂，但其实它也是由多条线段组成的。我们需要做的就是计算每条线段的长度和每次旋转的角度。

这个过程很考验我们的耐心，当然，你可以提前在纸上画一张草图，也可以尝试着一边画一边修改。

计算好线段长度和旋转角度之后，我们就可以编程了。先来画钻石的轮廓吧，代码如下。

```
from turtle import *
left(60)
forward(100)
right(60)
forward(200)
right(60)
```

```
forward(100)
right(75)
forward(212)
right(90)
forward(212)
hideturtle()
done()
```

运行代码，绘制的钻石轮廓如图 3.3 所示。

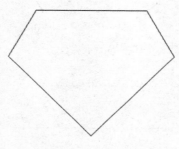

图 3.3 钻石轮廓

下面来画钻石内部的纹理，你也可以自己设计绘图的顺序，一起来看一看代码。

```
# 内部纹理
right(135)
forward(100)
left(120)
forward(100)
right(120)
forward(100)
right(120)
forward(100)
left(120)
forward(100)
left(120)
forward(100)
```

```
right(120)
forward(100)
right(120)
forward(100)
left(120)
forward(100)
backward(100)
right(108)
forward(158)
right(143)
forward(158)
```

运行代码，绘制的结果如图 3.4 所示。

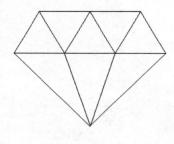

图 3.4　钻石

3.3　更有质感的钻石 —— 设置画笔粗细

是不是感觉上一节中绘制的钻石有点儿单薄且没有质感？其实我们可以通过设置画笔的粗细来改进一下。

怎么改变画笔粗细呢？通过 pensize() 就可以了。我们可以在括号里填入一个代表画笔粗细的数字，数字越大代表画笔越粗。但要注意一定是在开始绘制（画笔移动）之前进行设置，这样才有效。在一段代码中可以根据需要多次设置画笔的粗细。

例如，把画笔的粗细设为 10，代码如下。

```
pensize(10)
```

下面我们通过 pensize() 增加画钻石的画笔的粗细，代码如下。

```
from turtle import *
# 轮廓
pensize(10)  # 新增的，设置画笔粗细
left(60)
forward(100)
right(60)
forward(200)
right(60)
forward(100)
right(75)
forward(212)
right(90)
forward(212)
# 内部纹理
right(135)
forward(100)
left(120)
forward(100)
right(120)
forward(100)
right(120)
forward(100)
left(120)
forward(100)
left(120)
forward(100)
right(120)
forward(100)
right(120)
forward(100)
```

```
left(120)
forward(100)
backward(100)
right(108)
forward(158)
right(143)
forward(158)
hideturtle()
done()
```

运行代码，结果如图 3.5 所示。感觉钻石更有质感了。其实我们还可以再改进一下，把轮廓画得粗一些，内部的纹理画得细一些。这样的钻石是不是更有质感？

图 3.5　有质感的钻石

实现上述效果，只需要在绘制轮廓和纹理之前，分别通过 pensize() 设置画笔粗细，这样就可以轻松地画出更有质感的钻石了，代码如下。

```
from turtle import *
# 轮廓
pensize(10)  # 新增的，设置画笔粗细
left(60)
forward(100)
......
forward(212)

# 内部纹理
```

```
pensize(5)  # 新增的，设置画笔粗细
right(135)
forward(100)
......
forward(158)
hideturtle()
done()
```

如图 3.6 所示，一起来看看我们得到的更有质感的钻石吧！

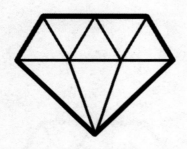

图 3.6　更有质感的钻石

3.4　更绚丽的钻石 —— 设置画笔颜色

我们已经绘制了一颗很有质感的钻石，但颜色不好看。能不能用彩色画笔来画钻石呢？当然可以，这就需要在开始绘画之前通过 pencolor() 来设置画笔的颜色。将对应颜色名称的字符串放在括号里，这样就完成了画笔颜色的设置。把画笔颜色设置成紫色，代码如下。

```
pencolor("purple")
```

我们在上一节绘制钻石的代码的基础上加上设置画笔颜色的代码，一颗彩色钻石就出现了。

```
from turtle import *
pencolor("purple")  # 新增的，设置画笔颜色
```

```
# 轮廓
pensize(10)
left(60)
forward(100)
......
forward(212)

# 内部纹理
pensize(5)
right(135)
forward(100)
......
forward(158)
hideturtle()
done()
```

运行代码，如图 3.7 所示。

图 3.7　绚丽的钻石

你可以随意修改画笔颜色，绘制自己喜欢的彩色钻石。

3.5　麋鹿轮廓 —— 实现复杂图案的简单方法

下面来画一个更复杂的图案 —— 麋鹿。你知道吗？有的时候复杂图案的实现逻辑可能更加简单。这个例子就是这样的，你只需要找到正确的坐标，然后用 goto() 让画笔移动到特定位置，这样就能绘制正确的线段。

反复重复这个过程，一幅画就画好了。

为了方便，我们把坐标存到了列表里，遍历列表的变量 p 的格式是坐标 (x,y)。通过 goto(p) 就能让画笔到达指定的点，绘制麋鹿的完整代码如下。

```
from turtle import *
pensize(5)
mylist = [(-3, -248), (-45, -208), (-25, -183),
(-71, -109), (-69, -84), (-100, -52), (-70, -55), (-43,
-32), (-68, 17), (-145, 44), (-156, 81), (-229, 98),
(-173, 98), (-182, 121), (-183, 174), (-169, 129), (-109,
245),(-162, 109), (-128, 57), (-68, 35), (-67, 83), (-123,
150), (-53, 88), (-54, 33), (-20, -21), (-5, -16), (13,
-21), (47, 35), (44, 85), (118, 151), (58, 84), (60, 37),
(121, 60), (154, 114), (103, 243), (162, 126), (179,
171), (175, 120), (163, 98), (220, 102), (149, 80), (136,
44), (63, 19), (37, -31), (60, -54), (89, -55), (63,
-81), (63, -107), (18, -183), (36, -209), (-3, -248)]
penup()
goto(-3, -248)
pendown()
for p in mylist:
    goto(p)
hideturtle()
done()
```

运行代码，如图 3.8 所示，我们就可以看到效果啦。

图 3.8　麋鹿轮廓

3.6 彩色麋鹿轮廓 —— 另一种设置画笔颜色的方法

下面我们来设置画笔颜色，绘制一张彩色的麋鹿。我们当然可以通过前面学习的 pencolor() 来设置，但其实还有另外一种方法，这里也教给你。

其实计算机屏幕上所有的颜色是由红（red）绿（green）蓝（blue）三种颜色组成的，我们可以通过设置这三种颜色的数值来组成最终的颜色。这种颜色的模式称为 RGB 模式，就是红、绿、蓝三个英文单词的首字母。每种颜色值的范围用数字来表示，范围是 0 ~ 255。

怎么用代码实现呢？要想用这种模式，首先要在设置画笔颜色之前通过 colormode(255) 这行语句告诉程序我们要用 RGB 模式设置画笔颜色。然后在 pencolor() 的括号里分别写上代表红、绿、蓝三种颜色的数值（范围都是 0 ~ 255），中间用英文格式的逗号隔开就可以了。

例如，我们可以把画笔设置成红色，代码如下。

```
colormode(255)
pencolor(255, 0, 0)
```

这种方式还有一种好处，就是更容易实现随机颜色，我们可以把三种颜色的值都用随机数生成，这样我们就可以每次都绘制出不同颜色的作品了，代码如下。

```
from turtle import *
from random import *
bgcolor("tan")
pensize(5)
colormode(255)
r = randint(0, 255)
```

```
g = randint(0, 255)
b = randint(0, 255)
pencolor(r, g, b)
mylist = [(-3, -248), (-45, -208), (-25, -183), (-71,
-109), (-69, -84), (-100, -52), (-70, -55), (-43, -32),
(-68, 17), (-145, 44), (-156, 81), (-229, 98), (-173,
98), (-182, 121), (-183, 174), (-169, 129), (-109, 245),
(-162, 109), (-128, 57), (-68, 35), (-67, 83), (-123, 150),
(-53, 88), (-54, 33), (-20, -21), (-5, -16), (13, -21),
(47, 35), (44, 85), (118, 151), (58, 84), (60, 37), (121, 60),
(154, 114), (103, 243), (162, 126), (179, 171), (175, 120),
(163, 98), (220, 102), (149, 80), (136, 44), (63, 19),
(37, -31), (60, -54), (89, -55), (63, -81), (63, -107),
(18, -183), (36, -209), (-3, -248)]
penup()
goto(-3, -248)
pendown()
for p in mylist:
    goto(p)
hideturtle()
done()
```

如图 3.9 所示，每次运行的结果都不一样。运行这样的程序有点儿像拆盲盒，你不知道会有什么惊喜在等着你。

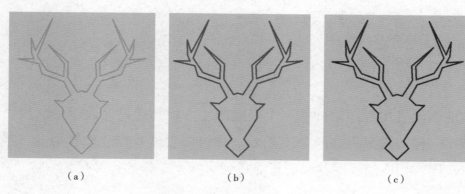

　（a）　　　　　　　　（b）　　　　　　　　（c）

图 3.9　不同颜色的麋鹿轮廓

你一定发现画布的颜色也改变了，这是通过上面的第二行代码 —— bgcolor() 语句实现的，我们只需要将颜色单词作为参数放在括号里就可以了，你可以尝试着设置其他颜色哦。

3.7 多彩棒棒糖

前面已经学习了设置画笔粗细和画笔颜色。下面我们来画一个多彩棒棒糖，我们通过 for 循环语句重复画线段来画出一根棒棒糖。因为循环变量 i 是逐次增大的，所以我们通过 forward(i*8) 就可以做到每次画的直线比上一次要长一些。这里把设置颜色的代码放在了 for 循环语句里面，所以每条线段的颜色都是随机的，画出的棒棒糖的颜色更加丰富，代码如下。

```python
from turtle import *
from random import *
speed(0)
colormode(255)
pensize(25)
for i in range(30):
    r = randint(0, 255)
    g = randint(0, 255)
    b = randint(0, 255)
    pencolor(r, g, b)
    forward(i*8)
    right(80)
done()
```

前面说过用程序绘画的一个很酷的地方就是通过修改很少的代码能得到不一样的效果。如图 3.10 所示，你可以尝试着修改旋转角度、颜色随机范围、线段的长度等，看看能得到哪些不一样的作品吧！

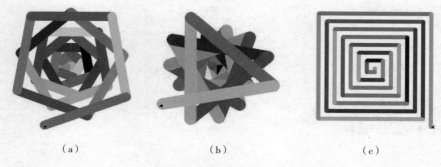

（a）　　　　　　　　　（b）　　　　　　　　　（c）

图 3.10 多彩棒棒糖

我们学习了设置画笔粗细和画笔颜色的方法，太酷了！这相当于我们不再只有一支铅笔，而是有一整套彩色画笔啦！我们绘制的所有作品都可以通过简单地设置画笔来实现对原来作品的升级。掌握了这套厉害的绘画工具，你离程序绘画艺术家更近了一步，加油呀！

| 第四章 |

神奇的粉刷匠 ——
设置填充颜色

1. 掌握填充颜色的方法
2. 熟悉画布的设置
3. 学习画笔的设置

回忆一下我们小时候学习绘画的过程。最开始用一支铅笔在纸上随意地画线条、涂鸦；后来我们觉得颜色不够鲜艳，于是开始用水彩笔、蜡笔通过彩色的线条画出丰富的图案；后来，我们不再满足于线条图案，开始填充颜色，画出更鲜艳、美丽的图案。

其实我们学习用程序绘画的过程和上面的过程非常相似。在第二章我们学习了用单一颜色的笔绘制线条，第三章我们学习用不同颜色的笔绘制彩色线条；在这一章我们开始学习通过填充颜色绘制更加漂亮的图案。通过设置填充颜色，计算机像一个神奇的粉刷匠，按照设计一丝不苟地快速涂色，并且不会出错。

4.1 粉刷匠的"涂色大法" —— 填充颜色的方法

在这个过程中，你可能会爱上程序绘图，因为它真的太方便了。用纸笔绘画时填充颜色需要一笔一笔地画，同时还需要注意不要把颜色涂在轮廓外面。程序绘图填充颜色完全不用考虑这些，整个过程只需要三行代码，其他的都交给程序，程序绘图填充颜色几乎是瞬间完成的，并且你可以通过修改颜色名称来更改填充的颜色。

下面就一起来学习这三行关键的代码吧。

第一步：设置填充颜色。这一步相当于选取一支特定颜色的涂色笔，用 fillcolor() 来实现。我们需要把颜色的英文单词以字符串的形式放在括号里。例如，我们想用红色填充图形，就可以通过下面的代码实现。

```
fillcolor("red")
```

第二步：告诉程序开始填充颜色的位置。设置好颜色，就开始准备填充。我们在用纸笔绘画时，如果想要填充颜色，首先要有一个轮廓图。程序绘图也是一样的，一般先用程序绘制一个线条轮廓图，在绘制轮廓图前通过 begin_fill() 告诉程序开始填充颜色的位置，代码如下。

```
begin_fill()
```

第三步：告诉程序结束填充颜色的位置。在轮廓图程序结束的位置，通过 end_fill() 告诉程序填充颜色结束的位置，代码如下。

```
end_fill()
```

这里要注意一下，绘制线条轮廓图的代码要放在第二步与第三步之间。也就是说我们要先有绘制轮廓图的代码，并在这段代码的前面加上 begin_fill()，在这段代码的后面加上 end_fill()。

我们绘制一个红色的三角形，代码如下。

```python
from turtle import *
fillcolor("red")
begin_fill()
for i in range(3):
    forward(200)
    right(120)
end_fill()
done()
```

运行代码，绘制效果如图 4.1 所示。

图 4.1　红色三角形

其实复杂图形的填色与我们前面绘制红色三角形的方法是一样的。只不过是把复杂的图形分成一小块、一小块来处理。针对划分后的每一小块，都采用前面的三个步骤：设置填充颜色、明确填充颜色开始的位置、明确填充颜色结束的位置。如果当前要填充的颜色与前面设置的填充颜色一致，就不需要在本次填充前再次进行设置了。

4.2 设置画笔颜色的小结

关于画笔颜色的设置我们已经学习了两种方法：设置画笔颜色的 pencolor() 和设置填充颜色的 fillcolor()。

其实还有一种更方便、简单的方法 —— color()，它可以同时设置画笔颜色和填充颜色。

color() 有两个参数，第一个参数是画笔线条颜色，第二个参数代表填充颜色。例如，我们想画一个绿色线条、红色填充的三角形，在设置颜色时可以直接通过下面的 color() 语句实现，代码如下。

```
color("green", "red")
```

上面这行代码就等同于下面的两行代码。

```
pencolor("green")
fillcolor("red")
```

我们来看一下完整的代码。

```
from turtle import *
pensize(10)
color("green", "red")
begin_fill()
for i in range(3):
    forward(200)
    right(120)
end_fill()
done()
```

运行代码，结果如图 4.2 所示。

图 4.2　绿色线条、红色填充的三角形

　　假如画笔的颜色和填充颜色是相同的，用 color() 设置颜色还可以更简便，只需要一个参数，即颜色对应的单词。也就是说 color("red", "red") 与 color("red") 能够实现相同的功能。

　　如果不需要颜色填充，也可以用 color("red") 的方法设置画笔颜色。

4.3　填充颜色的应用案例 —— 填色麋鹿轮廓

　　我们来给上一节的麋鹿轮廓填充颜色吧！例如，想要一个深蓝色的麋鹿，代码如下。

```
from turtle import *
pensize(5)
color("NavyBlue")
mylist = [(-3, -248), (-45, -208)······(-3, -248)]
                            # 坐标省略，请查看前一章

penup()
goto(-3, -248)
pendown()
begin_fill()
for p in mylist:
    goto(p)
end_fill()
```

```
hideturtle()
done()
```

运行代码，结果如图 4.3 所示。

图 4.3　深蓝色的麋鹿

如果想要一个金色的麋鹿，那要怎么办呢？只需要改变代表填充颜色的单词就可以了，修改的代码如下。

```
color("gold")
```

运行代码，结果如图 4.4 所示。

图 4.4　金色的麋鹿

当然，我们还可以通过改变填充颜色获得各种各样我们想要的效果。是不是感觉程序绘画很方便呢？它真的可以给你无数次尝试的机会。

4.4 画布的设置

为了让程序绘画呈现更好的效果，我们要对画布进行设置。例如，我们可以设置画布的背景（颜色、图片）、尺寸等。

■ 4.4.1 设置画布的背景颜色

有的时候同样的图案在不同的背景颜色下会呈现不同的效果。例如，如图 4.5 所示，在白色背景上画一颗金色的星星，这很普通。

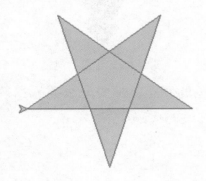

图 4.5　白色背景下的金色星星

而如果把背景颜色设置成黑色或深蓝色，就有"夜空中最亮的星"的感觉了。怎么设置画布的背景颜色呢？ bgcolor() 语句就能解决，我们需要把颜色对应的单词作为参数放在括号里。例如，设置黑色的背景可以用下面的代码实现。

```
bgcolor("black")
```

我们来呈现"夜空中最亮的星"的画面，完整代码如下。

```
from turtle import *
bgcolor("black")
color("red", "yellow")
begin_fill()
for i in range(5):
```

```
    forward(200)
    left(144)
end_fill()
done()
```

运行代码，绘制的效果如图4.6所示。

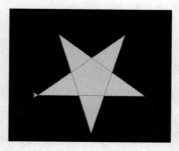

图4.6 夜空中最亮的星

同样的道理，如图4.7所示，我们可以在不同颜色背景下绘制麋鹿图案，一起来感受一下。

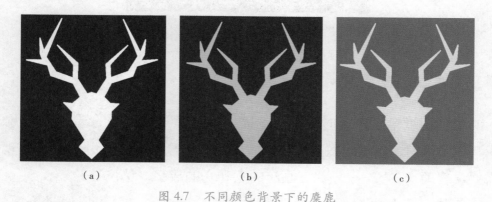

（a）　　　　　　　　　（b）　　　　　　　　　（c）

图4.7 不同颜色背景下的麋鹿

■ 4.4.2 设置画布的背景图片

改变画布的背景颜色，呈现的效果会好很多。如果能用图片当作背景就更好了！同样是画麋鹿图案，如果用森林的图片当作背景，效果一定会更好。

怎样将画布背景设置成一张图片呢？用bgpic()语句就能解决，参数就是字符串形式的图片名称。例如，我们可以把图片"bg.gif"通过下面的代码设置成画布背景。

```
bgpic("bg.gif")
```

这里需要注意，目前 turtle 库只支持 .gif 或 .png 格式的图片当作背景。如果你准备的是其他格式的图片，需要先将图片转换成 .gif 或 .png 格式。

在森林图片背景下的麋鹿如图 4.8 所示。

图 4.8　森林图片背景下的麋鹿

■ 4.4.3　设置画布的尺寸

我们用纸笔绘画的时候会根据需要，选择不同尺寸的纸张，当我们用程序绘画时，也可以根据需要设置画布的尺寸，这里要用 setup() 实现。需要设置两个参数 —— 代表画布的宽和高的数字，单位是像素。

例如，我们要设置一块宽 600，高 100 的画布，就可以通过下面的代码实现。

```
setup(600, 100)
```

4.5　画笔速度的设置

当编写完程序之后，点击运行，看着程序一笔一笔按着我们的想法去绘画，是不是很享受？是不是很有成就感？

但是，当绘制非常复杂的图形时，我们往往没有耐心观察海龟笔慢悠悠地移动。这时候，我们就可以改变画笔绘制的速度。

■ 4.5.1 speed()

第一种方法是用 speed() 语句来实现，通过参数来设置绘制速度。参数的范围是 0 ~ 10。这里要特别注意参数代表的意义：从 1 到 10，数字越大，速度就越快。但是数字 0 代表最快速度，如表格 4.1 所示。

表 4.1 speed() 参数及其代表意义

speed() 参数举例	代表意义
0	最快速度
10	快速
6	一般速度
3	慢速
1	最慢速度
……	……

例如，我们让程序以最快的速度画一颗五角星，代码如下。

```
from turtle import *
speed(0)
for i in range(5):
    forward(200)
    left(144)
done()
```

你也可以改变 speed() 语句中括号里的数字，感受一下画笔不同的绘画速度。

■ 4.5.2　tracer()

当我们绘制一个更复杂的图形时，speed(0) 虽然已经是最快速度了，但还是能够看见绘制的过程。还有一种更快的方法 —— tracer() 语句。使用这个方法再运行程序，我们看不见绘制的过程，能够直接获得最终的结果，代码如下。

```
tracer(False)
```

例如，我们要画 50 个五角星围绕一个点旋转，使用 tracer() 后可以省略绘制过程，直接得到绘画结果，代码如下。

```
from turtle import *
tracer(False)
for i in range(50):
    for j in range(5):
        forward(200)
        left(144)
    right(10)
done()
```

绘制这个图形的代码逻辑稍微有点儿复杂，可以仔细研究一下。这里的重点还是 tracer()，运行代码后的结果如图 4.9 所示。

图 4.9　50 个五角星绕点旋转图形

　　通过本章的内容，你已经掌握了程序绘画更高级的技能 —— 填充颜色，可以让计算机快速、准确地完成更鲜艳、复杂的作品。同时也可以根据需要对画布进行设计，对画笔速度进行设置。

　　无论是用纸笔绘画还是用程序绘画，最关键的还是要多观察、多思考、多尝试。也许你在放学路上突然看到了感兴趣的场景或事物，不妨尝试着用程序将它画下来吧！

| 第五章 |

曲线之美 —— 点、圆、弧线

重 点知识

1. 掌握用 dot() 画点的方法
2. 熟悉用 circle() 画圆的方法
3. 学习用 circle() 画弧线的方法
4. 掌握用 circle() 画正多边形的方法

到目前为止，我们已经可以用程序画很多漂亮的图案了，真的非常了不起！但你发现没有，在前面的章节中构成图案的线条都是直线。我们都知道在大自然中、生活场景中，构成事物的一定还涉及另外一种线条 —— 曲线。如藤条、太阳、高山、水果、汽车、动物、我们的身体等，这些都是由曲线构成的。

这一章我们就来学习用程序画曲线的方法，常用的方法涉及画点、圆、弧线。

5.1 点的画法

画点的方法非常简单，用 dot() 语句即可，参数为点的直径。参数的数值越大，画的点越大。当我们的点画得足够大时，就可以变为画圆了。例如，我们画一个直径为 50 的点，代码如下。

```
dot(50)
```

这里需要注意，点是以海龟笔坐标所在的位置为圆心，进行绘制的。点的默认颜色为黑色。我们可以通过 pencolor() 或 color() 语句设置点的颜色。我们需要注意点的颜色为画笔的颜色，而非填充颜色。

例如，我们可以画一个直径为 200 的绿色的点，代码如下。

```
from turtle import *
color("green")
dot(200)
done()
```

运行代码，结果如图 5.1 所示。

图 5.1 绿色的点

还有一种设置点的颜色的简便方法，就是把颜色对应的单词作为第二个参数放在 dot() 语句的括号里。例如，可以画一个直径为 200 的蓝色的点，代码如下。

```
dot(200,"blue")
```

5.2　点的应用案例

■ 5.2.1　冰糖葫芦

我们先用点来画一串冰糖葫芦，这里只要设置好画笔颜色、点的大小、每次画笔移动的距离就可以了，代码如下。

```
from turtle import *
color("red")
for i in range(6):
    forward(50)
    dot(50)
done()
```

运行代码，结果如图 5.2 所示。

图 5.2　冰糖葫芦

■ 5.2.2　毛毛虫

用与画冰糖葫芦相似的方法，我们可以画一条毛毛虫，这个图案是由点组成的。只不过代表毛毛虫头部的点要大一些，代表毛毛虫眼睛的点要小一些，代码如下。

```
from turtle import *
color("yellowgreen")
penup()
for i in range(6):
    dot(50)
    forward(45)
dot(70)
color("black")
forward(15)
dot(10)
forward(15)
dot(10)
hideturtle()
done()
```

运行代码，结果如图 5.3 所示。我们发现通过上面的代码获得的毛毛虫太僵硬了，接下来我们可以把它变得更自然一点儿。

图 5.3　毛毛虫

我们要怎么做呢？可以加入随机数，将毛毛虫的身体即每个点都增加一个随机的旋转角度，这样画出来的毛毛虫的身体就不再是笔直僵硬的了，而且每次画出来的效果都是不一样的，代码如下。

```
from turtle import *
from random import *
color("yellowgreen")
penup()
for i in range(6):
    dot(50)
    angle = randint(-90, 90)
```

```
    left(angle)
    forward(45)
dot(70)
color("black")
forward(15)
dot(10)
forward(15)
dot(10)
hideturtle()
done()
```

我们多运行几次代码，就能画出不同形态的毛毛虫了。如图 5.4 所示，我们得到了一幅百虫图。

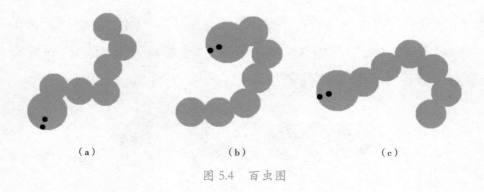

（a）　　　　　　　　（b）　　　　　　　　（c）

图 5.4　百虫图

■ 5.2.3　七星瓢虫

下面我们来升级难度，画一只七星瓢虫。七星瓢虫是由头、腿、身体和斑点组成的。七星瓢虫的腿和身上的斑点都需要旋转一定的角度，这是难点，我们用 for 循环语句来完成，整体代码如下。

```
from turtle import *
right(90)
# 头
penup()
dot(40)
```

```
forward(50)
# 腿
pendown()
right(30)
for i in range(6):
    forward(70)
    dot(5)
    backward(70)
    right(60)
# 身体
penup()
color("red")
dot(100)
# 斑点
color("black")
dot(25)
for i in range(6):
    forward(35)
    dot(15)
    backward(35)
    right(60)
hideturtle()
done()
```

运行代码，结果如图 5.5 所示。

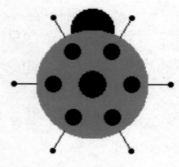

图 5.5　七星瓢虫

5.3 圆的画法

下面我们来学习画圆。你可能会有疑问，前面讲过，用 dot() 把直径设置得大一些，不就可以画圆了吗？为什么还要单独学习一种新的方法呢？因为点是实心的，是自带填充的，如果我们需要填充颜色的圆，dot() 确实可以满足要求。但如果我们想要绘制空心圆形，如奥运五环，用 dot() 就难以实现了。还有一种情况，当我们希望圆形轮廓的颜色和填充颜色不同时，dot() 也难以满足要求。

画圆我们可以用 circle()，参数为圆的半径。例如，我们画一个半径为 100 的圆，代码如下。

```
circle(100)
```

运行代码，结果如图 5.6 所示，绘制了一个空心圆形。

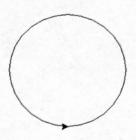

图 5.6　空心圆形

这里我们需要将 circle() 与 dot() 进行区分，二者的区别主要有三个。

第一，dot() 的参数代表直径，circle() 的参数代表半径；

第二，dot() 画出的点是带填充颜色的，circle() 画出的圆是不带填充颜色的；

第三，dot() 是以海龟笔的坐标为圆心进行绘制的，circle() 是以海龟笔的位置为圆的起始点进行绘制的。

如果用 circle() 想要绘制一个带填充颜色的圆，需要运用前面学过的设置填充颜色的方法，代码如下。

```
from turtle import *
pensize(8)
color("green", "red")
begin_fill()
circle(100)
end_fill()
done()
```

运行代码，结果如图 5.7 所示。

图 5.7　带填充颜色的圆

还有一点特别重要，如果 circle() 的参数为正数，则按照逆时针的方向进行绘制；如果 circle() 的参数为负数，则按照顺时针的方向进行绘制。下面的代码实现了以逆时针方向绘制一个半径为 100 的红色圆形，然后以顺时针方向绘制一个半径为 100 的蓝色圆形。

```
from turtle import *
color("red")
circle(100)
color("blue")
circle(-100)
done()
```

运行代码，结果如图 5.8 所示。

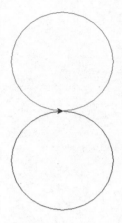

图 5.8　以不同方向绘制的两个圆形

5.4　圆的应用案例

■ 5.4.1　射箭靶子

我们用刚学习的画圆的方法画一个射箭靶子，通过 for 循环语句实现多次绘制红色圆圈。画之前先通过 forward() 语句让画笔移动到准备的位置。通过循环变量 i，配合 forward(30*i) 语句实现每次前进的距离要比上一次大。home() 语句可以实现让画笔恢复到初始状态，包括初始位置和角度，代码如下。

```
from turtle import *
pensize(15)
color("red")
for i in range(7):
    penup()
    forward(30*i)
    pendown()
    left(90)
    circle(30*i)
```

```
    penup()
    home()
hideturtle()
 done()
```

运行代码，结果如图 5.9 所示。

图 5.9　射箭靶子

5.4.2　奥运五环

只要设置好圆的位置和颜色，我们就可以轻松地画出奥运五环。由于五个圆的颜色都不相同，所以需要在画每个圆之前分别设置对应的颜色，代码如下。

```
from turtle import *
pensize(10)
speed(0)
color("blue")
circle(50)
penup()
forward(110)
pendown()
color("black")
circle(50)
penup()
forward(110)
pendown()
```

```
color("red")
circle(50)
penup()
goto(55, -40)
pendown()
color("yellow")
circle(50)
penup()
forward(110)
pendown()
color("green")
circle(50)
hideturtle()
done()
```

运行代码，结果如图 5.10 所示。

图 5.10　奥运五环

5.5　弧线的画法

接下来我们开始学习画弧线。这个知识点很重要，因为所有的曲线都可以理解成是用不同的弧线拼接而成的。弧线其实就是圆形轮廓线上的一部分，要想获得一个合适的弧线，我们需要考虑两个方面：一是画一个大小合适的圆，半径的大小是决定因素；二是截取适当长度的弧线，这个需要由角度决定。

第一步画圆。用之前的 circle() 就可以完成，这里不再赘述。第二步截取弧线。这里需要解释一下，一个圆对应的角度是 360°，就像一个西瓜切面被平均切成 360 份，每一份对应一段西瓜皮，一段西瓜皮就是我们想要的弧线。你想要多长的弧线，由要平均分成几份决定。也就是说在圆形大小确定的前提下，由角度决定弧线的长短。

所以想要得到一段弧线，有两个参数特别重要：半径、角度。

我们把这两个参数放在 circle() 的括号里，中间用英文格式的逗号隔开，这样就能获得我们想要的弧线。

例如，想要半径为 100，角度为 90° 的弧线，代码如下。

```
circle(100, 90)
```

运行代码，结果如图 5.11 所示。

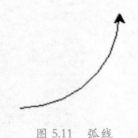

图 5.11 弧线

多条弧线连起来就能得到各种优美的曲线了。

5.6 弧线的应用案例

■ 5.6.1 月亮

学习了弧线的画法，我们就可以画很多图形了，如月亮。画月亮只需要两段弧线，每段弧线的半径和角度需要经过多次尝试后才能得到。这也是编程的常用方法，很多厉害的效果都是通过这种方式得到的，画月亮的代码如下。

```
from turtle import *
circle(100, 270)
left(135)
circle(-70, 180)
done()
```

运行代码，结果如图 5.12 所示。

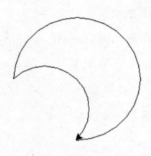

图 5.12 月亮

■ 5.6.2 彩虹

下面我们来画彩虹。直观地看，彩虹就是几条半圆弧线排在一起得到的。在用程序实现的时候，需要注意每条弧线的半径的变化规律：新的弧线半径是上一个弧线半径加上画笔粗细。理解了这一点，代码就简单了。这里用了 home() 语句让画笔的位置和角度恢复到初始状态，画彩虹的代码如下。

```
from turtle import *
pensize(20)
colorlist = ["red", "orange", "yellow", "green", "cyan",
"blue", "purple"]
for i in range(7):
    color(colorlist[i])
    r = 50+20*i
```

```
    penup()
    forward(r)
    pendown()
    left(90)
    circle(r, 180)
    penup()
    home()
done()
```

运行代码，结果如图 5.13 所示。

图 5.13　彩虹

5.7　画正多边形

circle()除了可以画圆之外，还有一种巧妙的用途，那就是画正多边形。这需要设置三个参数，第一个参数是圆的半径，第二个参数是代表弧线对应的角度（360°），第三个参数是正多边形的边的数量。

例如，我们用下面的代码分别画出了正三角形、正方形、正五边形、正八边形、正一百边形。

```
from turtle import *
circle(100, 360, 3)
circle(100, 360, 4)
circle(100, 360, 5)
```

```
circle(100, 360, 8)
circle(100, 360, 100)
done()
```

绘制的五个正多边形重合到一起，结果如图 5.14 所示。我们会发现设置的边数越多，所画的正多边形就越接近圆形。

图 5.14　五个正多边形

学到这里首先要恭喜你！你已经掌握了程序绘画中几乎所有重要的技法。综合来看，再复杂的图案也是由点、线、面组成的。我们已经掌握了点的坐标和画法，掌握了线（包括直线、曲线）的画法，掌握了面的画法（颜色填充）。万事俱备，只欠东风，接下来发挥想象力，开始你的创作吧！

| 第六章 |

程序书法家 —— 文字的设置

重点知识

掌握绘制文字的方法

一幅优秀的绘画作品往往离不开文字。有时文字是绘画作品的一部分，如明信片或海报；有时文字本身就是作品，如书法作品；有时文字是作品的说明，如绘画作品完成后写上自己的名字或作品的标题。

这一章我们就来学习程序绘画中有关文字的内容。

6.1 绘制文字的方法

在画布上显示文字需要用到 write()，直接把要写的文字以字符串的形式放在括号里就可以了，代码如下。

```
write(" 我爱画画 ")
```

运行程序后，就可以看到画布中在海龟笔的位置上显示了"我爱画画"四个字。如果想在其他位置写文字，就需要用之前学过的方法移动海龟笔，移动过程中要注意抬笔、落笔的设置。同时，为了美观可以将海龟笔隐藏。

例如，可以通过下面的代码在（100，100）的位置上写下"我爱画画"四个字，代码如下。

```
from turtle import *
hideturtle()
penup()
goto(100, 100)
write(" 我爱画画 ")
done()
```

6.2 字体、字号的设置

如果我们想改变文字的字体、字号，就需要在 write() 括号里添加第二个参数。这里需要注意第二个参数是一个元组，并赋值给 font。元组参数包含三个部分：字体名称、字号大小、字体类型。字体类型包括

normal（正常）、bold（粗体）、italic（斜体）三种类型。

```
write("我爱画画", font=("Arial", 40, "normal"))
```

如果需要改变文字的颜色，可以通过语句 pencolor() 或 color() 进行设置。我们可以书写颜色为红色的，字体为 PARaDOS，字号为 30 的斜体的文字，代码如下。

```
from turtle import *
hideturtle()
pencolor("red")
write("HELLO WORLD", font=("PARaDOS", 30, "italic"))
done()
```

运行代码，结果如图 6.1 所示。

HELLO WORLD

图 6.1　书写文字"HELLO WORLD"

6.3　获得字体名称

我们只能使用自己计算机上已经安装的字体，那我们要怎么查看计算机上已经安装了哪些字体呢？怎么获得字体名称呢？

以操作系统是 Windows 的计算机为例，所有的字体都安装在了路径 C:\Windows\Fonts 下。所以我们直接打开字体文件夹 Fonts 就可以看到。打开 Fonts 文件夹有两种方式。第一种方式是打开我的电脑，直接将路径"C:\Windows\Fonts"复制到地址栏后按回车键，这样就可以进入 Fonts 文件夹，如图 6.2 所示。

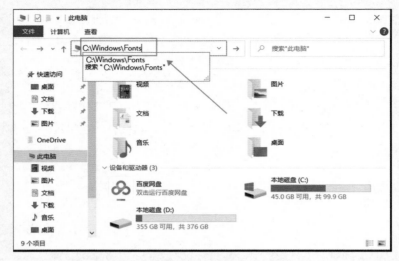

图 6.2　查找计算机上已经安装的字体的路径

复制路径并按回车键，这样就进入了 Fonts 文件夹，我们可以看到自己的计算机上已经安装的所有字体，如图 6.3 所示。

图 6.3　计算机上已经安装的字体

我们已经找到了字体文件，那要怎么获得字体的名称呢？选中我们想要用的字体文件，点击鼠标右键，选择属性，在弹出的属性面板中就可以看到字体名称，弹出的属性面板如图 6.4 所示。

图 6.4　字体属性面板

上图中的 "ARLRDBD.TTF" 就是我们想要的字体名称参数，复制到 write() 中字体名称参数的位置，就能绘制对应字体的文字，代码如下。

```
write("HELLO WORLD", font=("ARLRDBD", 30, "italic"))
```

6.4　安装字体

假如我们想要用特殊字体来呈现特定效果，但计算机上又没有这种字体，这时就需要我们从网页上下载字体然后再安装到计算机上。

安装的方法非常简单，通过路径 "C:\Windows\Fonts" 打开字体文件夹 Fonts，将下载好的字体直接复制到这个文件夹，就完成安装了。这里需要注意，如果下载的字体是压缩文件，需要先解压缩，然后再进行复制。

6.5　书法作品

在 Python 编程中，写书法作品听起来很高级，那操作会不会很复杂呢？其实操作很简单，最重要的是我们要先选择一个合适的书法字体（可以从网页上下载并按照前面讲解的方法进行安装），其次要设计好文字的布局。

我们在程序中写了"用、心、若、镜、胜、物、不、伤"八个字，并且写上了落款名字"一石"。这里需要注意的是字符串中的"\n"是换行符，用来完成文字换行，完整代码如下。

```
from turtle import *
penup()
goto(30, -200)
write("用 \n 心 \n 若 \n 镜", font=("XXX 字体 ", 60, "normal"))
goto(-70, -200)
write("胜 \n 物 \n 不 \n 伤", font=("XXX 字体 ", 60, "normal"))
goto(-140, -150)
write(" 一 \n 石", font=("XXX 字体 ", 15, "normal"))
hideturtle()
done()
```

这一章代码中的字体名称要换成自己计算机上已经安装的字体名称，这样程序才能运行，我们可以选择篆体书法字体。运行代码，书法作品如图 6.5 所示。同样的道理，我们还可以更换字体或更换文字内容，以得到更多的书法作品，更换字体和文字内容后，得到的书法作品如图 6.6 所示。

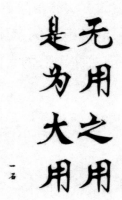

图 6.5　书法作品 1　　　　　　　　　图 6.6　书法作品 2

6.6　印章制作

如果没有红色的印章，书法作品就少了"灵魂"。下面我们用 Python 编程来制作印章。其实和前面得到书法作品的方法极其相似，设置好字体和颜色，注意文字的布局，最后再圈一个框就完成了。

为了方便调用，我们可以把制作印章的代码封装成一个函数，代码如下。

```python
from turtle import *

def yinzhang():
    pensize(2)
    pencolor("red")
    pendown()
    write(" 匠一 \n 人石 ", font=("XXX 字体 ", 22, "normal"))
    for i in range(4):
        forward(56)
        left(90)
    penup()


yinzhang()
hideturtle()
done()
```

运行代码，如图 6.7 所示。我们的印章一样吗？

图 6.7　阳刻印章

其实印章分为两种，一种是红字白底的，称为"阳刻"，一种是红底白字的，称为"阴刻"。刚刚我们制作了阳刻印章，下面来做一个阴刻印章。实际上就是先画一个红色的正方形，再在上面写上白色的文字，代码如下。

```
from turtle import *

def yinzhang2():
    pensize(3)
    color("white","red")
    begin_fill()
    for i in range(4):
        forward(56)
        left(90)
    end_fill()
    write("匠一 \n 人石 ", font=("XXX 字体 ", 22, "normal"))
    penup()

yinzhang2()
hideturtle()
done()
```

如图 6.8 所示，来看看我们新做的阴刻印章。

图 6.8　阴刻印章

6.7　完整的书法作品

我们已经学习了用 Python 编程写书法作品、制作印章。下面我们把书法作品和印章结合在一起，完成一幅完整的书法作品。

```
from turtle import *

def yinzhang():
    pensize(2)
    pencolor("red")
    pendown()
    write(" 匠一 \n 人石 ", font=("XXX 字体 ", 22, "normal"))
    for i in range(4):
        forward(56)
        left(90)
    penup()

def yinzhang2():
    pensize(3)
    pencolor("white")
    fillcolor("red")
    begin_fill()
    write(" 匠一 \n 人石 ", font=("XXX 字体 ", 22, "normal"))
    for i in range(4):
        forward(56)
        left(90)
    end_fill()
    penup()

def works1():
    penup()
    goto(30, -200)
    write(" 用 \n 心 \n 若 \n 镜 ", font=("XXX 字体 ", 60, "normal"))
    goto(-70, -200)
    write(" 胜 \n 物 \n 不 \n 伤 ", font=("XXX 字体 ", 60, "normal"))
    goto(-140, 0)
    write(" 一 \n 石 ", font=("XXX 字体 ", 15, "normal"))
    goto(-160, -70)
    yinzhang()
    goto(-160, -140)
    yinzhang2()
```

```
        hideturtle()

works1()
done()
```

运行代码，结果如图 6.9 所示。对上面的代码稍做修改，我们可以得到如图 6.10 所示的作品。

图 6.9　完整的书法作品 1　　　　　　图 6.10　完整的书法作品 2

你已经学会了在程序绘画中书写文字啦！快来创作属于你的图文作品或书法作品吧！

| 第七章 |

可以互动的绘画程序 —— 鼠标事件、键盘事件

重点知识

1. 掌握鼠标点击事件
2. 熟悉键盘事件

我们已经可以通过程序绘画了。但目前都是我们先把代码写好，然后运行代码，剩下的工作计算机会自动完成。是不是缺少一些互动呢？而且有的时候，我们是边画边想。要怎么解决这个问题呢？这就用到了这一章要学习的鼠标事件（鼠标点击事件和鼠标移动事件）和键盘事件。

7.1 鼠标点击事件

通过鼠标点击事件 onscreenclick() 就可以用鼠标控制绘画的过程了。onscreenclick() 可以实现当我们在画布上点击鼠标键时执行对应的函数。

所以在使用鼠标点击事件之前，我们要做好两件事：第一是确认函数。如果自定义函数，需要有两个参数，即鼠标点击时光标所在位置的横坐标和纵坐标。第二是确认点击鼠标上哪个按键（1 代表鼠标左键，2 代表鼠标中间的键，3 代表鼠标右键）并调用鼠标点击事件。

我们先进行第一步，设置一个函数。这个函数的功能就是让海龟笔移动到鼠标点击的位置，代码如下。

```
def draw(x, y):
    goto(x, y)
```

定义这个函数一定要有两个参数，两个参数分别代表鼠标点击位置的横坐标和纵坐标。即使不使用这两个参数，也要进行设置。

我们再进行第二步。决定了点击鼠标左键时触发函数，调用鼠标点击事件的代码如下。

```
onscreenclick(draw, 1)
```

通过几行简单的代码已经实现了一个点哪画哪的程序，是不是很神奇呢？完整的代码如下。

```
from turtle import *

def draw(x, y):
    print(x, y)
    goto(x, y)

onscreenclick(draw, 1)
done()
```

我们对上面的代码进行简单优化，在函数 draw() 内部增加一个画点的语句：dot(20)，这样就可以实现点哪画哪的功能，同时可以在点击的位置留下点。通过这个程序我们可以画北斗七星，代码如下。

```
from turtle import *
pencolor("brown")

def draw(x, y):
    goto(x, y)
    dot(20)

onscreenclick(draw, 1)
done()
```

运行代码，结果如图 7.1 所示。

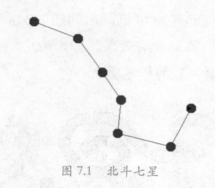

图 7.1 北斗七星

7.2 鼠标移动事件

鼠标移动事件 ondrag() 和鼠标点击事件的语法极其相似，也是需要两个参数：函数名称和鼠标按键标号（1 代表鼠标左键，2 代表鼠标中间的键，3 代表鼠标右键）。自定义函数也需要两个参数，两个参数分别代表鼠标点击时光标所在位置的横坐标和纵坐标，ondrag() 语句的代码如下。

```
ondrag(draw, 1)   # draw 为提前定义好的函数
```

我们可以实现鼠标移动海龟笔画线并在线上画圆圈的效果，代码

如下。

```
from turtle import *

def draw(x, y):
    print(x, y)
    goto(x, y)
    circle(10)

ondrag(draw, 1)  # draw 为提前定义好的函数
done()
```

运行代码，移动海龟笔就可以画出如图 7.2 所示的曲线。需要注意一定要点住海龟笔进行移动才有效果，如果海龟笔太小不好移动，可以通过 pensize() 进行设置，让海龟笔更大一些。

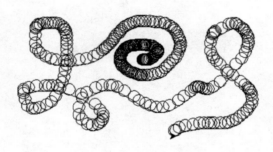

图 7.2　圆圈曲线

7.3　键盘事件

和鼠标事件一样，我们也可以用键盘事件 onkey() 来控制绘画的过程。onkey() 有两个参数，第一个为调用的函数名称，如果是自定义的函数则不需要加参数；第二个为按键名称（字母键为小写字母字符串，如"a""b"；数字键为数字字符串，如"1""2"；方向键为开头字母大写、其他字母小写的字符串，如"Up""Left"）。onkey() 语句的

代码如下。

```
onkey(draw,"a")
```

为了让程序捕捉到键盘事件，需要在 onkey() 代码的下一行添加一个 listen() 函数，代码如下。

```
onkey(draw,"Left")
listen()
```

我们来写一个程序，当按下键盘上的"←"键时绘制正八边形，完整代码如下。

```
from turtle import *

def draw():
    circle(100, 360, 8)

onkey(draw, "Left")
listen()
done()
```

7.4　键盘事件的应用案例

下面我们编写一个用键盘控制画笔绘制不同颜色的多边形的程序。按下"↑"键绘制红色正八边形，按下"↓"键绘制绿色正六边形，按下"←"键绘制黄色正方形，按下"→"键绘制蓝色圆形，完整代码如下。

```
from turtle import *
pensize(10)

def draw1():
    pencolor("red")
```

```
        circle(100, 360, 8)

def draw2():
    pencolor("green")
    circle(100, 360, 6)

def draw3():
    pencolor("yellow")
    circle(100, 360, 4)

def draw4():
    pencolor("blue")
    circle(100)

onkey(draw1, "Up")
onkey(draw2, "Down")
onkey(draw3, "Left")
onkey(draw4, "Right")
listen()
done()
```

运行代码，结果如图 7.3 所示。

图 7.3　不同颜色的多边形

7.5　输入框的使用

为了获得更好的交互体验，在需要时我们可以通过 input() 输入信息。

在 turtle 库中也给我们提供了两种输入框：文本输入框和数字输入框。

■ 7.5.1　文本输入框

文本输入框 textinput() 有两个参数，第一个参数为标题，第二个参数为提示，代码如下。

```
text = textinput(" 程序书法家 ", " 请输入要写的文字 :")
```

我们编写一个名为《程序书法家》的程序，通过输入框先输入要写的文字，然后，在画布上按要求写字，完整代码如下。

```
from turtle import *
text = textinput(" 程序书法家 ", " 请输入要写的文字 :")
write(text, font=("HYWeiBeiF", 30, "bold"))
done()
```

运行代码，首先弹出一个文本输入框，如图 7.4 所示。

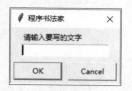

图 7.4　文本输入框

在文本输入框里填写文字，点击"OK"按钮后，文本输入框消失，指定的文字出现在了画布上，如图 7.5 所示。

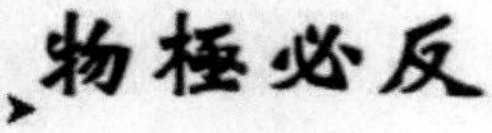

物極必反

图 7.5　程序运行结果

■ 7.5.2　数字输入框

数字输入框 numinput() 和文本输入框 textinput() 在语法上基本一致，也有两个参数，第一个参数为标题，第二个参数为提示，代码如下。

```
n = numinput("海龟笔画线", "请输入画线长度:")
```

我们尝试编写一个程序，通过数字输入框获得海龟笔前进的距离，完整代码如下。

```
from turtle import *
n = numinput("海龟笔画线", "请输入线的长度:")
forward(n)
done()
```

运行代码，首先弹出一个数字输入框，如图 7.6 所示。

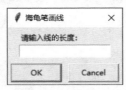

图 7.6　数字输入框

输入数字并按回车键，之后就能看到海龟笔按照我们输入的数字向前移动一段距离。

文本输入框获得的结果是字符串，而数字输入框获得的结果是浮点型数字（带小数点的数字）。如果我们想要通过 numinput() 获得整数，需要用 int() 转化一下数据格式。

下面的例子是通过输入面板获得画的圆圈的个数，完整代码如下。

```
from turtle import *
n = numinput("画圆圈", "请输入圆圈个数:")
forward(n)
print(n)
n = int(n)
for i in range(n):
    circle(100)
    right(10)
done()
```

通过鼠标事件、键盘事件能让我们的绘画程序更加智能，也能创造性地制作很多实用的工具。你有哪些新的创意呢？快来用代码实现吧！

| 第八章 |

程序绘画的两大流派 —— 形法派和描点派

重点知识

1. 了解形法派绘画的特点
2. 了解描点派绘画的特点

武侠小说中武林会根据武术的特点分为不同的门派，如武当派、少林派、峨眉派、昆仑派、崆峒派等。西方绘画也分为不同的流派，如印象主义、现实主义、古典主义、浪漫主义等。同样地，我们用 Python 编程绘画也可以根据绘画时的思考过程分为两大流派：形法派和描点派。

8.1 形法派和描点派的特点

画同样的物体，在编程时有两种思考方式和设计方式。第一种方式是首先思考要画的东西由哪些形状组成，然后根据位置和覆盖关系依次把形状画出来，这种方式特别注重通过形状设计，我们称之为"形法派"；第二种方式不会过分地关注形状的分解与设计，而是注意找各个关键的坐标点，最后把这些坐标点连起来并填充颜色，这种方式最重要的是找关键坐标点并连线，我们称之为"描点派"。

简而言之，形法派注重形状的设计，描点派注重坐标点的采集。形法派的宣言是一切图像都是由形状组成的，会画形状者得天下；描点派的宣言是点的坐标才是王道，给我一串坐标，我给你描绘整个宇宙。

8.2 形法派和描点派画图对比

同样是画三角形，两个流派的画法完全不一样。

形法派看到要画的等边三角形后，先构思三角形的画法，再通过程序模拟绘制三角形的过程。画一条长度为 100 的线段，向左旋转 120°，再画一条长度为 100 的线段，再次向左旋转 120°，第三次画长度为 100 的线段，这样一个三角形就画完了。通过程序还可以抽象一下，直接将画线和旋转重复三次就可以了。形法派画三角形的代码如下。

```
from turtle import *
for i in range(3):
    forward(100)
    left(120)
hideturtle()
done()
```

运行代码，形法派画的三角形如图 8.1 所示。

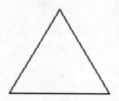

图 8.1 形法派画的三角形

描点派看到要画的三角形，首先会思考这张图的关键坐标点 —— 三个顶点，接下来就是想办法获得这三个点的坐标，然后把这三个点用线连接起来。描点派画三角形的代码如下。

```
from turtle import *
goto(100, 0)
goto(50, 87)
goto(0, 0)
hideturtle()
done()
```

运行代码，描点派画的三角形如图 8.2 所示，效果和形法派画的三角形没有区别。

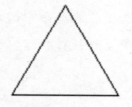

图 8.2 描点派画的三角形

通过上面的例子，可以看出两个流派各有特色，形法派注重设计过程；描点派注重简单、高效、直接。二者没有好与不好的差异，需要根据个人习惯、图的特点灵活选择用哪种方式进行绘制。

后面的章节中我们还会深入学习形法派和描点派的知识和应用案例。

就像武林中各个门派的武功会相互借鉴、互相融合一样，形法派和描点派也会根据需要同时出现在一张画作中。两个流派的划分是为了让我们更容易理解不同的思考方式和画法，但说到底这些都是为我们所用的工具。为了呈现好作品，用哪种工具或哪些工具，作为创作者，你说了算。

| 第九章 |

形法派的三大法宝 —— 重复、规律、随机

重点知识

1. 理解重复、规律、随机在绘画中的应用
2. 掌握程序绘画中重复、规律、随机的应用思路和技巧

在上一章中我们了解到形法派是通过设计形状来完成作品的。那这一流派有没有什么心法或绝学呢？当然有！这一章我们就来学习三大法宝：重复、规律和随机。当我们掌握了这三大法宝后，就可以轻松地创作出优秀的作品了。

1. 重复

在前面学习 for 循环语句时，就提到过我们人类不愿意做重复的事情，那既无趣又容易出错；而计算机却最擅长做重复的事情，计算机有耐心且不出错。如此一来，人类和计算机可以优势互补。在用程序绘画时也

存在需要重复绘制图形的场景,这时用编程的方式很容易实现。而且合理、巧妙地使用重复是很多绘画作品中不可缺少的方法。

例如,我们可以在一张画布上重复绘制点,完成一个抽象作品,代码如下。

```
from turtle import *
speed(0)
bgcolor("black")
penup()
color("white")
for i in range(7):
    goto(-320, 260 - 105*i)
    for j in range(7):
        dot(100)
        forward(105)
done()
```

运行代码,结果如图 9.1 所示,我们得到了下面的图片。

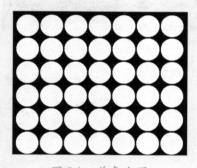

图 9.1　单色点图

这样的作品看起来是不是有点儿单调?我们可以变化一下。例如,改变一下点的颜色、大小,这样的作品会不会更好看呢?我们尝试着改变了填充的颜色,代码如下。

```
from turtle import *
speed(0)
bgcolor("black")
```

```
    penup()
    colorlist = ["red", "orange", "yellow", "green",
"cyan", "blue", "blue"]
    for i in range(7):
        goto(-320, 260 - 105*i)
        for j in range(7):
            color(colorlist[j])
            dot(100)
            forward(105)
    done()
```

运行代码，结果如图 9.2 所示，现在得到的图片是不是好看多了？

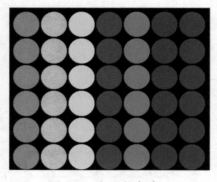

图 9.2　点图换颜色 1

我们还可以再改变一下颜色的排布，代码如下。

```
from turtle import *
speed(0)
bgcolor("black")
penup()
colorlist = ["red", "orange", "yellow", "green", "cyan",
"blue", "blue"]
for i in range(7):
    goto(-320, 260 - 105*i)
    for j in range(7):
        index = (j+i) % 7
        color(colorlist[index])
```

```
        dot(100)
        forward(105)
done()
```

运行代码，结果如图 9.3 所示，现在得到的图片更漂亮了。

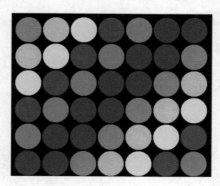

图 9.3　点图换颜色 2

但仔细观察一下你就可以发现，这些变化不是随机的，是有一定规律的。其实图 9.1 单色点图中点的位置也是按一定规律排布的，也就是说重复经常与规律一起使用。规律是如何应用在我们的程序绘画中的呢？下面我们来学习第二个法宝 —— 规律。

2. 规律

简单的重复可能只是原地打转，而有规律的重复能够创造很多惊喜。有人说建筑是凝固的音符，人们可以读懂规律的美。

在用程序绘画过程中，常见的规律变化有哪些呢？可以是角度、大小、颜色、数量、位置的变化等。有的时候是这些参数单一的变化，更多时候是多个参数配合着同时变化。

例如，我们对上面的点图增加一些带规律的重复，使点的颜色、大小的变化更有规律，代码如下。

```
from turtle import *
speed(0)
bgcolor("tan")
```

```
penup()
colorlist = ["red", "orange", "yellow", "green", "cyan",
"blue", "blue"]
for i in range(7):
    goto(-320, 260 - 105*i)
    for j in range(7):
        index = (j+i) % 7
        color(colorlist[index])
        dot(100 - index*8)
        forward(105)
done()
```

运行代码，结果如图 9.4 所示，我们得到了更漂亮的图片。

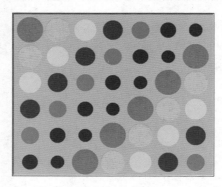

图 9.4　规律地改变点的颜色、大小的点图

除了点的颜色、大小可以有规律地变化，图形连续改变旋转角度也可以呈现令人意想不到的效果，代码如下。

```
from turtle import *
speed(0)
for i in range(18):
    right(20)
    circle(100, 360, 10)
done()
```

简单的几行代码就可以画出如图 9.5 所示的图形。如果用纸笔绘画，这幅图是不是很费力呢？这就是重复和规律配合使用的神奇效果。

图 9.5　运用重复和规律的作品

接下来，我们在上面代码的基础上进行修改，使圆的半径呈现规律性的变化，代码如下，会发生什么呢？

```
from turtle import *
speed(0)
for i in range(18):
    right(20)
    circle(100-i*4)
done()
```

还是简单的几行代码，运行之后，我们得到了一个如图 9.6 所示的海螺图。是不是很神奇？

图 9.6　海螺图

3. 随机

随机也是优秀的绘画作品中常用的技巧。在大自然和我们的生活中，到处都有随机的具体应用。造成"世界上没有两片相同的树叶"的一个原因就是随机。而且在日常装饰中，人们也喜欢用随机的图案，如碎花裙、手机上使用随机图案的壁纸、商场里使用随机图案的海报等，所以我们在用程序绘画时也应该根据需要引入随机。

即使只是画圆点，只要我们加入随机，一样可以创作出漂亮的作品。例如，我们可以让圆点的颜色、位置、大小随机，代码如下。

```python
from turtle import *
from random import *
bgcolor("skyblue")
colormode(255)
penup()
for i in range(100):
    r = randint(0, 255)
    g = randint(0, 255)
    b = randint(0, 255)
    color(r, g, b)
    x = randint(-350, 350)
    y = randint(-300, 300)
    goto(x, y)
    d = randint(10, 80)
    dot(d)
done()
```

运行代码，结果如图 9.7 所示，我们得到了一幅令人惊喜的图画。

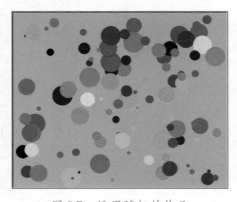

图 9.7　运用随机的作品

随机可以让绘图的效果更自然、更丰富。例如，我们画的叶子或花朵如果都一模一样就显得太整齐，太不真实了，这时就需要用随机来改变叶子或花朵的大小、颜色、方向、数量等。

如果掌握了形法派的三大法宝 —— 重复、规律和随机，就会有更多惊喜等着你。后面的学习案例会反复用到这一章的内容，仔细体会，收获会更多哦！

| 第十章 |

缤纷水果季 —— 水果切面的画法

各种各样的新鲜的水果让人们的生活更加美好，也给人们留下了舌尖上的记忆。这一章我们就学习用程序绘制各种美味多汁的水果吧！我们从绘制水果切面开始！

你知道吗，其实用程序绘制水果切面也是有规律的，大部分是圆和点结合的产物。最常见的有两类：橙子类和西瓜类。为什么要这么划分呢？想一下，从形状上看橙子、柠檬、西柚、山竹等水果的切面是不是都差不多？它们都是分瓣的造型，主要是颜色的区别。同样的，西瓜、猕猴桃、火龙果等水果的切面在形状上也是极其相似的，即不分瓣且有随机分布的种子。

下面我们就从画橙子切面开始吧！

10.1　橙子切面

先观察一下橙子的切面,我们发现切面主要由三个部分组成: 橙子皮、橙子瓣、中心的小圆点。

需要注意绘制顺序,先画的在底层,后画的会覆盖之前画的。所以我们也可以按照橙子皮、橙子瓣、中心的小圆点的顺序进行绘制。

■　10.1.1　橙子皮

画橙子皮其实就是画一个带填充颜色的圆。我们需要先想好绘制的橙子的大小和颜色。这里我们设置橙子皮的半径为 200,颜色为 orange3。

首先我们需要将画笔移动到(0,–200)的位置,然后再画圆及填充颜色,代码如下。

```
from turtle import *
goto(0, -200)
color("orange3")
begin_fill()
circle(200)
end_fill()
done()
```

运行代码,结果如图 10.1 所示,我们可以看到画好的橙子皮啦!

图 10.1　橙子皮

■ 10.1.2 橙子瓣

画橙子瓣其实就是通过 circle() 画弧线，我们需要计算好弧线对应的角度。圆一周是 360°，如果画的橙子分为八瓣，每瓣对应的弧线所对应的角度就是 45°。由于橙子瓣所在的圆不能完全遮盖橙子皮，所以设置的半径要小于橙子皮的半径 200，我们暂且将半径设置为 185。通过语句 circle(185,45) 就可以得到一个橙子瓣了。

橙子瓣之间的分界线的颜色我们可以设置成白色（white），橙子肉的颜色设置成橙色（orange），通过一行语句 color("white", "orange") 就能完成。为了美观，分界线的线条可以通过 pensize(10) 语句设置得粗一些。

由于刚刚画完橙子皮，我们先通过 home() 让画笔恢复初始状态（位置、角度），然后通过语句 forward(185) 画出半径，后面一定要让画笔左转 90°，这样才能画出方向正确的弧线。在结束填充之前一定要再次通过 home() 语句让画笔回到原点，这样才能保证整个橙子瓣完整地被填充颜色了。

先画一个橙子瓣，代码如下。

```
home()
color("white", "orange")
forward(185)
left(90)
begin_fill()
circle(185, 45)
home()
```

运行代码，结果如图 10.2 所示，第一个橙子瓣已经画好啦！

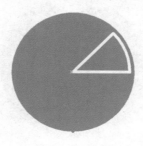

图 10.2 一个橙子瓣

　　用同样的方法可以画出其他的橙子瓣，但要注意每次的旋转角度的变化，由于我们画的是八瓣橙子，所以每次旋转角度要增加 45°。我们可以通过 for 循环语句简化这个过程，代码如下。

```
color("white", "orange")
for i in range(8):
    left(45*i)
    forward(185)
    left(90)
    begin_fill()
    circle(185, 45)
    home()
    end_fill()
```

　　运行代码，结果如图 10.3 所示。如果仔细观察图片，我们会发现留在画面中心的画笔形状，借助 hideturtle() 可以隐藏画笔。

图 10.3　八个橙子瓣

■ 10.1.3　中心的小圆点

　　通过前面的代码，我们基本已经完成了简易版橙子切面的绘制。其实还可以画得更好看一些，橙子切面中心的白色可以更多一些，我们可以通过在中心画一个白色的小圆点来完善。方法和绘制橙子皮的方法一致，只不过半径和颜色发生了变化，代码如下。

```
goto(0, -10)
color("white")
```

```
begin_fill()
circle(10)
end_fill()
hideturtle()
```

运行代码，结果如图 10.4 所示，来看看我们的最终作品吧！

图 10.4　完整的橙子切面

绘制橙子切面的完整代码如下。

```
from turtle import *
speed(0)
pensize(10)
goto(0, -200)
color("orange3")
begin_fill()
circle(200)
end_fill()
home()
color("white", "orange")
for i in range(8):
    left(45*i)
    forward(185)
    left(90)
    begin_fill()
    circle(185, 45)
    home()
    end_fill()
hideturtle()
```

```
goto(0, -10)
color("white")
begin_fill()
circle(10)
end_fill()
hideturtle()
done()
```

■ 10.1.4　更自然的橙子切面

通过前面的步骤，我们已经可以画出一个基础版的橙子切面了（如图 10.4 所示），但橙子瓣切分得过于整齐，不太自然。我们可以通过细微调整让橙子切面更自然一些（如图 10.5 所示）。

图 10.5　自然的橙子切面

其实，最主要的就是橙子瓣的变化。每个橙子瓣分为两条直线和一条弧线，我们要做的是将这两条直线设置得短一些，同时弧线由图 10.6 中的蓝色部分变为红色部分。

通过把 forward() 语句里的参数变小，就能画出直线。

弧线部分理解起来稍难一点儿，我们一起来分析一下。如图 10.6 所示，弧线是圆形的一部分，蓝色弧线是白色大圆形的一部分，红色弧线是黑色小圆形的一部分。所以由蓝色弧线变为红色弧线需要调整三个地方：第一个是通过缩小参数半径将大圆变为小圆；第二个是对应的角度变大了，所以参数角度也要调大一些；第三个是画完橙子瓣直线后，画弧线前的左转角度稍微小一点儿。

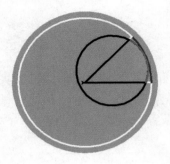

图 10.6　橙子瓣的直线与弧线

所以我们需要调整 4 个参数，调整参数容易，但只有明白原理才能在以后的创作中运用自如，调整后的代码如下。

```
for i in range(8):
    left(45*i)
    forward(180)
    left(85)
    begin_fill()
    circle(150, 55)
    home()
    end_fill()
```

你可能又会觉得八个橙子瓣太少，能变多吗？当然可以！这其实是一个数学计算的问题，圆的一周是 360°，需要根据橙子瓣的数量计算每个橙子瓣对应的角度，再调整参数就能实现了。如果是八瓣橙子，就需要用 360 除以 8，得出每个橙子瓣对应的角度是 45°。如果是十二瓣橙子，每个橙子瓣对应的角度为 30°。

当我们用代码画十二瓣橙子时，需要将循环的次数改为 12，同时把左转角度变为 30°，即每次增加 30°，修改的核心代码如下。

```
for i in range(12):
    left(30*i)
```

同时也需要用之前学过的方法改变画橙子瓣的直线及弧线，完整代码如下。

```
from turtle import *
speed(0)
pensize(10)
goto(0, -200)
color("orange3")
begin_fill()
circle(200)
end_fill()
home()
color("white", "orange")
for i in range(12):
    left(30*i)
    forward(180)
    left(85)
    begin_fill()
    circle(140, 40)
    home()
    end_fill()
hideturtle()
goto(0, -10)
color("white")
begin_fill()
circle(10)
end_fill()
home()
done()
```

运行代码，结果如图 10.7 所示，我们用程序绘制了十二瓣橙子切面。

图 10.7　十二瓣橙子切面

　　恭喜你已经学会了用程序绘制很多种水果的切面！可是我们不是只学习了画橙子切面吗？只有一种呀！别着急，变换一下颜色就能发现更多惊喜。

10.2　柠檬切面

　　我们把画橙子切面的代码中控制颜色的语句变换一下，就能得到一个柠檬切面了！

　　在代码中，通过 color("yellow") 语句把果皮的颜色设置为黄色。通过 color("white", "yellow") 语句将果肉的颜色设置为黄色，将果瓣之间的线设置为白色，修改后的代码如下。

```
from turtle import *
speed(0)
pensize(10)
goto(0, -200)
color("yellow")
begin_fill()
circle(200)
end_fill()
home()
color("white", "yellow")
for i in range(12):
    left(30*i)
    forward(180)
    left(85)
    begin_fill()
    circle(140, 40)
    home()
    end_fill()
hideturtle()
goto(0, -10)
```

```
color("white")
begin_fill()
circle(10)
end_fill()
home()
done()
```

运行代码，结果如图 10.8 所示，我们轻松地得到了一个柠檬切面，是不是很简单？你能自己改变柠檬切面的瓣数吗？

图 10.8　柠檬切面

10.3　西柚切面

我们再次拿出画橙子切面的代码，改变一下代码中的控制颜色的语句，就能得到一个西柚切面，是不是很神奇？这就是程序绘画的魅力，稍做修改就能获得惊喜。修改后的代码片段如下。

```
color("goldenrod")
begin_fill()
circle(200)
end_fill()
home()
color("wheat", "red2")
for i in range(12):
    left(30*i)
```

```
forward(180)
left(85)
begin_fill()
circle(140, 40)
home()
end_fill()
```

运行代码，结果如图 10.9 所示，西柚切面就画好了。

图 10.9　西柚切面

10.4　山竹切面

修改画橙子切面的代码还没有结束哦！更换颜色、改变参数，我们还可以得到山竹切面！

由橙子切面变为山竹切面，除了改变颜色，还需要通过调整参数改变瓣的形状。这些内容在前面已经都讲过啦！代码如下。

```
from turtle import *
speed(0)
pensize(10)
goto(0, -200)
color("DarkRed", "MediumVioletRed")
begin_fill()
circle(200)
end_fill()
```

```
penup()
home()
pendown()
color("DarkRed", "white")
for i in range(8):
    left(45*i)
    forward(160)
    left(65)
    begin_fill()
    circle(80, 95)
    home()
    end_fill()
hideturtle()
done()
```

运行代码，结果如图 10.10 所示，山竹切面就画好啦！

图 10.10　山竹切面

10.5　西瓜切面

前面我们已经学会了分瓣类水果切面的画法，接下来我们开始学习画一种新的水果切面类型。先从画西瓜切面开始吧！观察西瓜切面，我们很容易发现，西瓜是由西瓜皮、西瓜瓤和西瓜籽组成的。我们在画西瓜切面时也按这个顺序进行。

■ 10.5.1 西瓜皮

画西瓜皮其实就是画一个圆，和画橙子皮一样，要确认圆的半径和颜色。在画圆之前让画笔移动到指定的位置，同时需要注意，西瓜皮的外面是绿色的，里面是白色的。代码如下，如果有不懂的地方，可以翻看前面画橙子切面的讲解。

```
from turtle import *
pensize(10)
goto(0, -200)
color("green", "white")
begin_fill()
circle(200)
end_fill()
done()
```

运行代码，结果如图 10.11 所示，我们画出了西瓜皮。

图 10.11　西瓜皮

■ 10.5.2 西瓜瓤

西瓜瓤其实就是一个红色的圆形，同样需要我们确认圆的半径和颜色，这里我们选择的半径要比西瓜皮的半径小一些，设置为 180。

为了防止在用 home() 时，画笔在回到原点的过程中画出多余的线，我们先用 penup() 语句抬起画笔，实现 home() 语句后再落下画笔，画西瓜瓤的代码如下。

```
penup()
home()
pendown()
goto(0, -180)
color("red")
begin_fill()
circle(180)
end_fill()
```

运行代码，结果如图 10.12 所示，我们画出了一个无籽西瓜切面。

图 10.12　无籽西瓜切面

■ 10.5.3　西瓜籽

接下来我们完成画西瓜切面的最后一步 —— 画西瓜籽。

我们采用类似于画橙子瓣的方法，通过逐渐增加角度依次画出一圈西瓜籽，这里需要注意抬笔、落笔的设置，在到达画籽位置之前要抬笔，准备画时再落笔。画西瓜籽可以用画点的方法 dot() 语句完成。为了让西瓜籽分布得更加自然，我们通过随机数增加变化，代码如下。

```
color("black")
penup()
home()
for i in range(12):
```

```
angle = 30*i+randint(-10,10)
left(angle)
length = randint(30,60)
forward(length)
dot(10)
home()
```

运行代码，结果如图 10.13 所示，我们得到了一个带一圈籽的西瓜切面。

图 10.13　带一圈籽的西瓜切面

用同样的方法，我们再画两圈西瓜籽，最终就得到了我们想要的西瓜切面了，完整代码如下。

```
from turtle import *
from random import *
speed(0)
pensize(10)
goto(0, -200)
color("green", "white")
begin_fill()
circle(200)
end_fill()
penup()
home()
pendown()
goto(0, -180)
```

```
color("red")
begin_fill()
circle(180)
end_fill()
color("black")
penup()
home()
for i in range(12):
    angle = 30*i+randint(-10,10)
    left(angle)
    length = randint(30,60)
    forward(length)
    dot(10)
    home()
for i in range(12):
    angle = 30*i+randint(-10,10)
    left(angle)
    length = randint(60,120)
    forward(length)
    dot(10)
    home()
for i in range(12):
    angle = 30*i+randint(-10,10)
    left(angle)
    length = randint(120,170)
    forward(length)
    dot(10)
    home()
hideturtle()
done()
```

运行代码，结果如图 10.14 所示，快来看看我们自己画的西瓜切面吧！

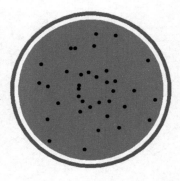

图 10.14　西瓜切面

10.6　猕猴桃切面

画西瓜切面的方法，我们稍做改变，就可以得到猕猴桃切面了！这比画西瓜切面还要简单一些。

由于猕猴桃的果皮比较薄，所以不需要区分果皮的内侧和外侧。我们把果皮和果肉一起画出来就可以了。通过 color("Chocolate3","Yellow-Green") 设置果皮和果肉的颜色，然后直接画一个圆形就可以了！代码如下。

```
from turtle import *
pensize(15)
goto(0, -200)
color("Chocolate3", "YellowGreen")
begin_fill()
circle(200)
end_fill()
done()
```

运行代码，结果如图 10.15 所示，无籽猕猴桃切面画好了！

图 10.15　无籽猕猴桃切面

猕猴桃的果肉中心有一个小圆形，我们可以很容易就画出来，注意设置颜色和半径，代码如下。

```
penup()
home()
pendown()
goto(0, -40)
color("DarkOliveGreen1")
begin_fill()
circle(40)
end_fill()
```

运行代码，结果如图 10.16 所示。

图 10.16　加果肉的猕猴桃切面

最后一步是画猕猴桃籽。和画西瓜籽的方法基本一样，这里只需要画一圈籽，如果有疑问可以翻看画西瓜籽部分的讲解。画猕猴桃的完整代码如下。

```
from turtle import *
from random import *
speed(0)
pensize(15)
goto(0, -200)
color("Chocolate3", "YellowGreen")
begin_fill()
circle(200)
end_fill()
penup()
home()
pendown()
goto(0, -40)
color("DarkOliveGreen1")
begin_fill()
circle(40)
end_fill()
color("black")
penup()
home()
for i in range(31):
    angle = 12*i
    left(angle)
    length = randint(80, 90)
    forward(length)
    dot(15)
    home()
hideturtle()
done()
```

运行代码，结果如图 10.17 所示，我们得到了心心念念的猕猴桃切面啦！

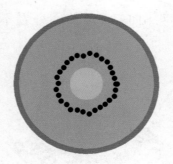

图 10.17　猕猴桃切面

10.7　火龙果切面

下面我们来画火龙果切面，其实绘画方法和画西瓜切面、猕猴桃切面极其相似，只不过要额外画几片叶子。

画火龙果切面最难的地方就是画叶子。利用后面画的会覆盖前面画的特点，我们先画叶子再画火龙果切面。叶子分为绿色部分和紫色部分，我们先画绿色部分再画紫色部分，画叶子也用类似画橙子瓣或画西瓜籽的方法，画叶子的绿色部分的代码如下。

```
from turtle import *
from random import *
for i in range(6):
    right(60*i)
    color("green")
    begin_fill()
    forward(250)
    right(135)
    forward(250)
    goto(0, 0)
    end_fill()
    home()
done()
```

运行代码，结果如图 10.18 所示，完全看不出是火龙果，别着急，我们一步一步来。

图 10.18　叶子的绿色部分

用类似的方法我们画出叶子的紫色部分，代码如下。

```
for i in range(6):
    right(60*i)
    color("DeepPink2")
    begin_fill()
    forward(250)
    right(150)
    forward(250)
    goto(0, 0)
    end_fill()
    home()
```

运行代码，结果如图 10.19 所示，从颜色上看有一点儿像火龙果了，可还是看不出火龙果的形状，对吧？别着急，下面我们就开始画火龙果切面的主体部分。

图 10.19　叶子的紫色部分

下面就用画西瓜切面的方法来画火龙果的圆形切面，果皮、果肉、籽的画法同画西瓜切面时完全一样。只需要改变对应的颜色即可，这里不再赘述。画火龙果切面的完整代码如下。

```python
from turtle import *
from random import *
speed(0)
pensize(5)
for i in range(6):
    right(60*i)
    color("green")
    begin_fill()
    forward(250)
    right(135)
    forward(250)
    goto(0, 0)
    end_fill()
    home()
for i in range(6):
    right(60*i)
    color("DeepPink2")
    begin_fill()
    forward(250)
    right(150)
    forward(250)
    goto(0, 0)
    end_fill()
    home()
goto(0, -200)
color("purple", "DeepPink2")
begin_fill()
circle(200)
end_fill()
penup()
home()
```

```
pendown()
goto(0, -180)
color("white")
begin_fill()
circle(180)
end_fill()
color("black")
penup()
home()
for i in range(3):
    for j in range(36):
        angle = 10*j+randint(-3, 3)
        left(angle)
        x = 60*i
        y = x+60
        length = randint(x, y)
        forward(length)
        dot(8)
        home()
hideturtle()
done()
```

我们带着期待的心情运行程序，结果如图 10.20 所示，我们画出了白肉火龙果的切面啦！

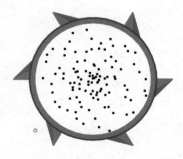

图 10.20　白肉火龙果切面

可以将果肉的颜色设置为 VioletRed3，这样就得到红肉火龙果切面啦！如图 10.21 所示，真的太神奇啦！

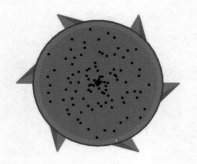

图 10.21 红肉火龙果切面

10.8 水果艺术画

我们已经学会画几种水果的切面了，是不是觉得自己很厉害啦？但每次只画一种水果还称不上是画艺术画。其实我们离画艺术画只差一步，我们可以尝试在同一画面中多画几种水果，设置背景颜色或图片，增加文字等。偷偷告诉你，很多艺术家其实也是按照这个思路来创作的呢！快来大胆尝试，成为小艺术家吧！

| 第十一章 |

卡通总动员 —— 卡通角色的画法

重 点知识

> 1. 了解复杂图形的设计思路
> 2. 掌握复杂图形的绘制顺序和遮挡技巧
> 3. 熟悉卡通人物的画法

经典的卡通角色给我们的童年带来了美好体验，也给我们留下了珍贵的回忆。你还记得哪些经典的卡通角色？这一章我们用程序画几个卡通角色吧！

11.1 大白

暖心的大白要怎么画呢？其实我们用圆和点的组合就可以画出来了。大白的头、肚子、手臂、腿都可以用圆来画，眼睛我们用黑色的点来画。

这里需要注意调整画笔的位置，在移动画笔前设置抬笔，开始画之前设置落笔。同时也要注意后面画的图案会遮挡前面先画的图案，所以我们按照"手臂、腿、肚子、头部、眼睛"的顺序来画，代码如下。

```python
from turtle import *
bgcolor("yellow")
speed(0)
pensize(5)
color("black", "white")
penup()
goto(-90, -30)
pendown()
# 左手臂
begin_fill()
circle(30)
end_fill()
# 右手臂
penup()
goto(90, -30)
pendown()
begin_fill()
circle(30)
end_fill()
# 左腿
penup()
goto(-65, -170)
pendown()
begin_fill()
circle(40)
end_fill()
# 右腿
penup()
goto(65, -170)
pendown()
begin_fill()
circle(40)
end_fill()
# 肚子
penup()
```

```
goto(0, -150)
pendown()
begin_fill()
circle(100)
end_fill()
# 头部
penup()
goto(0, 0)
pendown()
begin_fill()
circle(60)
end_fill()
# 眼睛
penup()
goto(-30, 45)
pendown()
dot(18)
goto(23, 45)
dot(18)
hideturtle()
done()
```

运行代码，结果如图 11.1 所示，大白出现了。

图 11.1　大白

11.2 海绵宝宝

你喜欢海绵宝宝吗？还记得它的样子吗？在程序绘画之前，我们先分析一下海绵宝宝是由哪些基本图案构成的，这个习惯很重要哦！海绵宝宝总体上是由圆、点、长方形组成的。接下来我们就开始吧！

首先来画它的长方形的脸，用随机的点来模拟海绵宝宝的气孔，代码如下。

```
from turtle import *
from random import *
penup()
goto(-150,-150)
pendown()
pensize(15)
# 身体
color("black","yellow")
begin_fill()
forward(300)
left(90)
forward(400)
left(90)
forward(300)
left(90)
forward(400)
end_fill()
# 气孔
penup()
color("gold")
for i in range(20):
    x = randint(-125,125)
```

```
    y = randint(-125,225)
    goto(x,y)
    d = randint(10,50)
    dot(d)
hideturtle()
done()
```

海绵宝宝长方形的脸画完了，由于气孔的大小和位置都是随机的，所以每次运行的效果都不一样，运行代码，结果如图 11.2 所示。

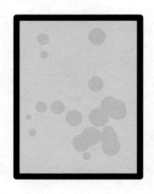

图 11.2　海绵宝宝长方形的脸

下面开始画海绵宝宝的眼睛。画眼睛的方法是学习重点，大多数卡通人物的眼睛都可以通过这里的方法画出来。眼睛由眼白、眼仁、瞳孔、高光组成，每个部分都由填色的圆或点组成。要注意设置好图形的大小、位置、颜色，代码如下。

```
# 眼白
pensize(8)
penup()
goto(0, 100)
pendown()
color("black", "white")
begin_fill()
circle(50)
circle(-50)
```

```
end_fill()
# 蓝色眼仁
color("DeepSkyBlue")
pensize(5)
penup()
goto(-40, 100)
dot(50)
goto(40, 100)
dot(50)
# 瞳孔
color("black")
pensize(5)
penup()
goto(-30, 100)
dot(20)
goto(50, 100)
dot(20)
# 高光
color("white")
goto(-25, 105)
dot(10)
goto(55, 105)
dot(10)
```

眼睛是海绵宝宝的脸的灵魂，画好眼睛之后，我们就很容易辨认出来了，运行代码，结果如图 11.3 所示。

图 11.3　海绵宝宝的眼睛

下面我们开始画鼻子、嘴和脸颊。鼻子是填色的圆，脸颊是填色的圆弧，嘴是一段弧线，不用填色，代码如下。

```
# 鼻子
home()
print(heading())
goto(0, 20)
pendown()
color("black","yellow")
begin_fill()
circle(30)
end_fill()
# 嘴
penup()
goto(-50, 0)
pendown()
right(45)
circle(80, 100)
end_fill()
# 脸颊
penup()
goto(-60,30)
pendown()
color("brown","yellow")
begin_fill()
circle(25,260)
end_fill()
penup()
goto(100,30)
pendown()
left(90)
color("brown","yellow")
begin_fill()
circle(25,260)
end_fill()
```

运行代码，结果如图 11.4 所示，可爱的海绵宝宝的脸就基本画好了。

图 11.4　海绵宝宝的脸（基础版）

仔细看，海绵宝宝的脸还缺少两颗牙齿，我们画两个填充为白色的正方形，设置好角度，就可以啦，代码如下。

```
# 牙齿
color("black","white")
penup()
goto(-30,-14)
right(60)
pendown()
begin_fill()
forward(30)
left(90)
forward(30)
left(90)
forward(30)
end_fill()
penup()
goto(30,-20)
right(130)
pendown()
begin_fill()
forward(30)
left(90)
forward(30)
```

```
left(90)
forward(30)
end_fill()
```

运行代码，如图 11.5 所示，完整的海绵宝宝的脸就画好了。

图 11.5　海绵宝宝的脸（完整版）

我们还可以设置一下背景颜色，画海绵宝宝的脸的完整代码如下。虽然代码看起来很长，但逻辑其实并不难。

```
from turtle import *
from random import *
speed(0)
#bgcolor("skyblue")
penup()
goto(-150,-150)
pendown()
pensize(15)
# 身体
color("black","yellow")
begin_fill()
forward(300)
left(90)
forward(400)
left(90)
forward(300)
left(90)
```

```
forward(400)
end_fill()
# 气孔
penup()
color("gold")
for i in range(20):
    x = randint(-125,125)
    y = randint(-125,225)
    goto(x,y)
    d = randint(10,50)
    dot(d)
# 眼白
pensize(8)
penup()
goto(0, 100)
pendown()
color("black", "white")
begin_fill()
circle(50)
circle(-50)
end_fill()
# 蓝色眼仁
color("DeepSkyBlue")
pensize(5)
penup()
goto(-40, 100)
dot(50)
goto(40, 100)
dot(50)
# 瞳孔
color("black")
pensize(5)
penup()
goto(-30, 100)
```

```
dot(20)
goto(50, 100)
dot(20)
# 高光
color("white")
goto(-25, 105)
dot(10)
goto(55, 105)
dot(10)
# 鼻子
home()
print(heading())
goto(0, 20)
pendown()
color("black","yellow")
begin_fill()
circle(30)
end_fill()
# 嘴
penup()
goto(-50, 0)
pendown()
right(45)
circle(80, 100)
end_fill()
# 脸颊
penup()
goto(-60,30)
pendown()
color("brown","yellow")
begin_fill()
circle(25,260)
end_fill()
penup()
goto(100,30)
pendown()
```

```
left(90)
color("brown","yellow")
begin_fill()
circle(25,260)
end_fill()
# 牙齿
color("black","white")
penup()
goto(-30,-14)
right(60)
pendown()
begin_fill()
forward(30)
left(90)
forward(30)
left(90)
forward(30)
end_fill()
penup()
goto(30,-20)
right(130)
pendown()
begin_fill()
forward(30)
left(90)
forward(30)
left(90)
forward(30)
end_fill()
hideturtle()
done()
```

运行代码，结果如图 11.6 所示，纯色背景下的海绵宝宝的脸就画好了。

图 11.6　纯色背景下的海绵宝宝的脸

11.3　哆啦 A 梦

下面我们来画哆啦 A 梦。我们分析一下，哆啦 A 梦也是由圆、点、弧线、直线组成的。和之前学习的方法差不多，我们先从画哆啦 A 梦的脸开始吧。

哆啦 A 梦的脸由两个圆组成，注意最外面的轮廓线条粗一些会更好看，代码如下。

```
from turtle import *
# 脸
pensize(8)
color("black", "skyblue")
begin_fill()
circle(120)
end_fill()
pensize(3)
color("black", "white")
begin_fill()
circle(100)
end_fill()
```

运行代码，结果如图 11.7 所示，你能认出这是哆啦 A 梦吗？好像不能，我们继续画。

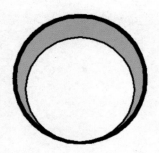

图 11.7　哆啦 A 梦的脸

接下来我们画哆啦 A 梦的眼睛和鼻子，与海绵宝宝眼睛的画法基本一致，直接看代码吧！

```python
# 鼻子
penup()
goto(0, 134)
pendown()
pensize(4)
color("black", "red")
begin_fill()
circle(18)
end_fill()
# 左眼
penup()
goto(-30, 160)
pendown()
color("black", "white")
begin_fill()
circle(30)
end_fill()
# 右眼
penup()
goto(30, 160)
pendown()
```

```python
begin_fill()
circle(30)
end_fill()
# 左眼仁
penup()
goto(-18, 180)
pendown()
color("black")
begin_fill()
circle(13)
end_fill()
# 右眼仁
penup()
goto(18, 180)
pendown()
begin_fill()
circle(13)
end_fill()
# 左眼高光
penup()
goto(13, 190)
pensize(2)
pendown()
color("white")
begin_fill()
circle(5)
end_fill()
# 右眼高光
penup()
goto(-13, 190)
pensize(2)
pendown()
```

```
color("white")
begin_fill()
circle(5)
end_fill()
```

运行代码，结果如图 11.8 所示，我们已经可以轻松地认出它了。

图 11.8　哆啦 A 梦的鼻子和眼睛

接下来我们画胡须，其实就是画直线。这里比较难的是调整角度。一般画这种复杂的图形，需要提前计算一下角度，但更多的时候是在写代码时试验出来的，代码如下。

```
# 胡须
penup()
goto(0, 134)
color("black")
pendown()
right(90)
forward(40)
penup()
goto(0, 124)
pendown()
left(100)
forward(80)
backward(80)
left(160)
forward(80)
```

```
penup()
goto(0, 114)
pendown()
right(170)
forward(80)
backward(160)
penup()
goto(0, 104)
pendown()
right(10)
forward(80)
backward(80)
right(160)
forward(80)
```

运行代码，结果如图 11.9 所示，胡须画好了。

图 11.9　哆啦A梦的胡须

接下来，我们画嘴和铃铛。嘴是一个填充红色的圆弧，铃铛是一个填充黄色的圆形，连接铃铛的丝带就是一条加粗的红色直线，代码如下。

```
# 嘴
penup()
goto(-70, 70)
pendown()
color("black", "red")
left(110)
```

```
begin_fill()
circle(80, 120)
end_fill()
# 丝带
penup()
goto(-50, 0)
color("red")
pendown()
pensize(20)
right(60)
forward(100)
# 铃铛
penup()
goto(0, -35)
pendown()
pensize(3)
color("black", "yellow")
begin_fill()
circle(20)
end_fill()
```

运行代码，结果如图 11.10 所示，哆啦 A 梦的脸就画好了！

图 11.10　完整的哆啦 A 梦的脸

绘制哆啦 A 梦的脸的完整代码如下。虽然代码看起来很多，但其实逻辑很简单，别被吓到哦！

```
from turtle import *
speed(0)
# 脸
pensize(8)
color("black", "skyblue")
begin_fill()
circle(120)
end_fill()
pensize(3)
color("black", "white")
begin_fill()
circle(100)
end_fill()
# 鼻子
penup()
goto(0, 134)
pendown()
pensize(4)
color("black", "red")
begin_fill()
circle(18)
end_fill()
# 左眼
penup()
goto(-30, 160)
pendown()
color("black", "white")
begin_fill()
circle(30)
end_fill()
# 右眼
penup()
goto(30, 160)
pendown()
```

```
begin_fill()
circle(30)
end_fill()
# 左眼仁
penup()
goto(-18, 180)
pendown()
color("black")
begin_fill()
circle(13)
end_fill()
# 右眼仁
penup()
goto(18, 180)
pendown()
begin_fill()
circle(13)
end_fill()
# 左眼高光
penup()
goto(13, 190)
pensize(2)
pendown()
color("white")
begin_fill()
circle(5)
end_fill()
# 右眼高光
penup()
goto(-13, 190)
pensize(2)
pendown()
color("white")
begin_fill()
```

```
circle(5)
end_fill()
# 胡须
penup()
goto(0, 134)
color("black")
pendown()
right(90)
forward(40)
penup()
goto(0, 124)
pendown()
left(100)
forward(80)
backward(80)
left(160)
forward(80)
penup()
goto(0, 114)
pendown()
right(170)
forward(80)
backward(160)
penup()
goto(0, 104)
pendown()
right(10)
forward(80)
backward(80)
right(160)
forward(80)
# 嘴
penup()
goto(-70, 70)
```

```
pendown()
color("black", "red")
left(110)
begin_fill()
circle(80, 120)
end_fill()
# 丝带
penup()
goto(-50, 0)
color("red")
pendown()
pensize(20)
right(60)
forward(100)
# 铃铛
penup()
goto(0, -35)
pendown()
pensize(3)
color("black", "yellow")
begin_fill()
circle(20)
end_fill()
hideturtle()
done()
```

11.4　单眼小黄人

　　还记得"大眼萌"小黄人吗？下面我们就来画它！小黄人的画法比前面几个卡通角色要复杂一点儿，还是先来观察它的结构吧！身体是胶囊的形状，眼镜是直线加圆，胳膊和腿稍微复杂一点儿，需要一些技巧。

　　怎么画胶囊形状的身体呢？其实可以将它的身体看成是上下两个半

圆形中间夹着一个长方形，这样一分析是不是简单多了？代码如下。

```
from turtle import *
speed(0)
left(90)
# 身体
color("black", "gold")
penup()
goto(100, 0)
pendown()
begin_fill()
forward(150)
circle(100, 180)
forward(150)
circle(100, 180)
end_fill()
```

运行代码，结果如图 11.11 所示，小黄人的胶囊形状的身体就出现了。

图 11.11　单眼小黄人的身体

接下来，我们开始画眼睛，用一条粗黑线当作眼镜腿，镜片部分和前面学习的画眼睛的方法一样，代码如下。

```
# 眼镜腿
pensize(18)
penup()
goto(-100, 150)
```

```
pendown()
right(90)
forward(200)
# 眼镜框
pensize(20)
penup()
goto(50, 150)
pendown()
left(90)
color("black", "white")
begin_fill()
circle(50)
end_fill()
# 黑眼仁
pensize(5)
penup()
goto(0, 150)
dot(50)
# 眼睛上的高光
color("white")
goto(10, 165)
dot(10)
```

运行代码，结果如图 11.12 所示，眼睛就画好了。

图 11.12　单眼小黄人的眼睛

接下来我们画嘴和裤子，它们都是圆弧，只不过嘴不填充颜色，而裤子要填充颜色，代码如下。

```
# 嘴
penup()
goto(-40, 70)
left(180)
pendown()
color("red")
circle(40, 180)
end_fill()
# 裤子
penup()
goto(-100, 0)
pendown()
color("black", "SteelBlue")
goto(-100, 0)
right(180)
begin_fill()
circle(100, 180)
goto(-100, 0)
end_fill()
```

运行代码，结果如图 11.13 所示，胶囊形状的小黄人已经出现了。

图 11.13　单眼小黄人（基础版）

下面要画脚和胳膊，需要一些技巧。两只脚合起来可以看成一个半圆，中间用一条白线隔开。但这个形状我们要放在前面已经绘制的身体的代码的后面，所以要把画脚的代码放在最前面，先画脚再画身体，这样才能让身体遮挡脚，代码如下。

```
# 脚
penup()
goto(64, -120)
pendown()
color("black")
begin_fill()
left(90)
circle(60, 180)
goto(64, -120)
end_fill()
goto(4, -120)
color("white")
left(180)
forward(60)
```

运行代码，我们画的脚如图 11.14 所示，可能你会觉得现在看起来有点儿不像。别急，用小黄人的身体一遮挡就很像了。

图 11.14 单眼小黄人的脚

画胳膊也需要借助身体的遮挡。我们可以画两个同心的正方形，用身体一遮挡，看起来就像两个胳膊背在身后了，代码如下。

```
# 胳膊
pensize(5)
color("black", "gold")
begin_fill()
goto(0, -110)
circle(140, 360, 4)
```

```
goto(0, -80)
circle(110, 360, 4)
end_fill()
```

运行代码，结果如图 11.15 所示，似乎看起来也不像胳膊。别急，等下看被身体遮挡后的效果。

图 11.15 单眼小黄人的胳膊

所有代码放在一起，运行一下，结果如图 11.16 所示，终于看到了我们心心念念的"大眼萌"小黄人啦！

图 11.16 单眼小黄人

绘制单眼小黄人的完整代码如下。

```
from turtle import *
speed(0)
# 胳膊
pensize(5)
color("black", "gold")
begin_fill()
goto(0, -110)
circle(140, 360, 4)
```

```
goto(0, -80)
circle(110, 360, 4)
end_fill()
# 脚
penup()
goto(64, -120)
pendown()
color("black")
begin_fill()
left(90)
circle(60, 180)
goto(64, -120)
end_fill()
goto(4, -120)
color("white")
left(180)
forward(60)
# 身体
color("black", "gold")
penup()
goto(100, 0)
pendown()
begin_fill()
forward(150)
circle(100, 180)
forward(150)
circle(100, 180)
end_fill()
# 眼镜腿
pensize(18)
penup()
goto(-100, 150)
pendown()
right(90)
forward(200)
# 眼镜框
```

```
pensize(20)
penup()
goto(50, 150)
pendown()
left(90)
color("black", "white")
begin_fill()
circle(50)
end_fill()
# 黑眼仁
pensize(5)
penup()
goto(0, 150)
dot(50)
# 眼睛上的高光
color("white")
goto(10, 165)
dot(10)
# 嘴
penup()
goto(-40, 70)
left(180)
pendown()
color("red")
circle(40, 180)
end_fill()
# 裤子
penup()
goto(-100, 0)
pendown()
color("black", "SteelBlue")
goto(-100, 0)
right(180)
begin_fill()
circle(100, 180)
```

```
goto(-100, 0)
end_fill()
hideturtle()
done()
```

11.5　双眼小黄人

上一节我们画了单眼小黄人，下面就来画更复杂一点儿的双眼小黄人吧！我们要改进两点：一是眼镜由一个镜片变为两个镜片；二是背带裤要画得更精致一些。修改的地方比较简单，这里就直接看代码吧！

```
from turtle import *
speed(0)
# 胳膊
pensize(5)
color("black", "gold")
begin_fill()
goto(0, -110)
circle(140, 360, 4)
goto(0, -80)
circle(110, 360, 4)
end_fill()
# 脚
penup()
goto(64, -120)
pendown()
color("black")
begin_fill()
left(90)
circle(60, 180)
goto(64, -120)
end_fill()
goto(4, -120)
```

```
color("white")
left(180)
forward(60)
# 身体
color("black", "gold")
penup()
goto(100, 0)
pendown()
begin_fill()
forward(150)
circle(100, 180)
forward(150)
circle(100, 180)
end_fill()
# 眼镜腿
pensize(18)
penup()
goto(-100, 150)
pendown()
right(90)
forward(200)
# 眼镜框
pensize(8)
penup()
goto(0, 150)
pendown()
left(90)
color("black", "white")
begin_fill()
circle(30)
circle(-30)
end_fill()
# 黑眼仁
pensize(5)
penup()
```

```
goto(-30, 150)
dot(30)
goto(30, 150)
dot(30)
# 眼睛上的高光
color("white")
goto(-35, 155)
dot(10)
goto(35, 155)
dot(10)
# 嘴
penup()
goto(-20, 80)
left(180)
pendown()
color("red")
circle(20, 180)
end_fill()
# 裤子
penup()
goto(-100, 0)
pendown()
right(90)
color("black", "SteelBlue")
begin_fill()
forward(20)
left(90)
forward(40)
right(90)
forward(160)
right(90)
forward(40)
left(90)
forward(20)
right(90)
```

```
penup()
goto(-100, 0)
circle(100, 180)
end_fill()
# 左背带
penup()
goto(-70, 20)
pendown()
begin_fill()
right(45)
forward(15)
left(90)
forward(60)
left(135)
forward(20)
left(45)
forward(45)
end_fill()
left(180)
# 右背带
penup()
goto(70, 20)
pendown()
begin_fill()
forward(15)
right(90)
forward(60)
right(135)
forward(20)
right(45)
forward(45)
end_fill()
hideturtle()
done()
```

运行代码，结果如图 11.17 所示，看看我们自己画的双眼小黄人吧，真可爱！

图 11.17　双眼小黄人

这一章我们已经画了好几个卡通角色了。你能总结出规律吗？是不是它们都是由圆、点、弧线、直线、长方形、正方形组成的呢？还有哪些你喜欢的卡通角色呢？可以尝试着用我们这一章学习的内容画出来！

| 第十二章 |

无边落木萧萧下 —— 树叶的画法

重点知识

1. 掌握画弧线的深度应用
2. 熟悉叶子类图形的绘制技巧

　　哲学家莱布尼茨说："世界上没有完全相同的两片树叶。"只要我们用心观察，小小的树叶也蕴含着无以名状的美。我们在优美的环境中会感到惬意，而这优美的环境大多离不开植物，今天我们就用程序画这些植物的叶子。

12.1　一片树叶

　　我们先从一片树叶开始。如果学会了画一片树叶，那画复杂的树叶也会变得简单，因为复杂的树叶也是由一片树叶组成的。这和学程序、做事情很像，看起来复杂的事情，如果把它拆解成很多个部分，然后再依次解决，就能实现最终目标。

其实一片树叶本质上是由三段弧线组成的，如图 12.1 所示的绿色部分。这三条弧线分别属于三个不同的圆形，如图 12.1 中的蓝色圆形、红色圆形和黄色圆形（黄色圆形没显示完整）。我们可以通过 circle() 把三条弧线分别画出来，这里需要注意设置半径和弧线的角度，也要调整画完一条弧线后开始画另一条弧线前的角度。

图 12.1　画一片树叶的示意图

为了更加好看，我们将叶脉的线条设置得粗一些，画一片树叶的代码如下。

```
from turtle import *
pensize(1)
circle(100, 91)
left(90)
circle(100, 91)
pensize(2)
left(119)
circle(280, 35)
done()
```

运行代码，结果如图 12.2 所示，我们得到了一片树叶的轮廓。

图 12.2　一片树叶的轮廓

接下来我们给树叶填充颜色，通过语句 color("black", "green") 将树叶轮廓的颜色设置为黑色，将树叶的颜色设置为绿色，最后将画笔隐藏，代码如下。

```
from turtle import *
pensize(1)
color("black", "green")
begin_fill()
circle(100, 91)
left(90)
circle(100, 91)
end_fill()
pensize(2)
left(119)
circle(280, 35)
hideturtle()
done()
```

运行代码，如图 12.3 所示，一片绿油油的树叶就呈现在我们的面前啦！

图 12.3　一片绿油油的树叶

12.2　封装函数

一张图往往需要画很多片树叶，这样就需要将前面的代码封装成一个函数，在需要的时候随时调用。为了增加多样性，我们将树叶的颜色设置成了参数，可以通过控制参数绘制不同颜色的树叶，代码如下。

```
from turtle import *
def leaf(colorname):
    pensize(1)
    color("black", colorname)
    begin_fill()
    circle(100, 91)
    left(90)
    circle(100, 91)
    end_fill()
    pensize(2)
    left(119)
    circle(280, 35)
leaf("yellow")
hideturtle()
done()
```

在上面的代码中我们定义了画一片树叶的函数 leaf()，并通过调用这个函数，将参数设置为"yellow"，最终绘制出了一片黄色的树叶，如图 12.4 所示。

图 12.4　一片黄色的树叶

12.3　早春落叶图

在学习前面知识的基础上，我们可以很轻松地画出一片任意颜色的树叶啦。下面我们开始画早春落叶图。为了增加画面的美观度，树叶是从不同方向、不同角度落下的，所以随机数是必不可少的，代码如下。

```
from turtle import *
from random import *
speed(0)

def leaf(colorname):
    pensize(1)
    color("black", colorname)
    begin_fill()
    circle(100, 91)
    left(90)
    circle(100, 91)
    end_fill()
    pensize(2)
    left(119)
    circle(280, 35)

for i in range(30):
    x = randint(-300, 300)
    y = randint(-300, 300)
    penup()
    goto(x, y)
    pendown()
    leaf("greenyellow")

hideturtle()
done()
```

运行代码，如图 12.5 所示。一幅漂亮的早春落叶图就画好了！

图 12.5　早春落叶图

我们还可以增加树叶颜色的种类，画一幅多彩落叶图。这时我们可以把颜色放在列表中，通过random库中的choice()从列表中随机选择元素。同时我们可以为画面设置一个背景颜色，代码如下。

```
from turtle import *
from random import *

speed(0)
bgcolor("skyblue")
springcolor = ["greenyellow", "yellowgreen",
        "darkolivegreen", "chartreuse", "lawngreen",
        "palegreen"]

def leaf(colorname):
    pensize(1)
    color("black", colorname)
    begin_fill()
    circle(100, 91)
    left(90)
    circle(100, 91)
    end_fill()
    pensize(2)
    left(119)
    circle(280, 35)
```

```
for i in range(30):
    x = randint(-300, 300)
    y = randint(-300, 300)
    penup()
    goto(x, y)
    pendown()
    c = choice(springcolor)
    leaf(c)

hideturtle()
done()
```

运行代码，如图 12.6 所示，再看看我们得到的图画，是不是更漂亮啦？

图 12.6　多彩落叶图

12.4　复杂树叶的画法

复杂的树叶就是由多片子树叶组成一片大树叶，其实就是将前面学习的单片树叶改变一下角度，多画几次就可以了。例如，我们画一片由三片子树叶组成的大树叶，代码如下。

```
from turtle import *
def leaf2(colorname):
```

```
pensize(1)
color("black",colorname)
begin_fill()
# 树叶 1
circle(100,91)
left(90)
circle(100,91)
# 树叶 2
left(20)
circle(100, 91)
left(90)
circle(100, 91)
# 树叶 3
left(20)
circle(100, 91)
left(90)
circle(100, 91)
end_fill()
# 叶脉 1
left(114)
circle(200, 42)
left(180)
circle(-200, 42)
# 叶脉 2
right(3)
circle(-200, 43)
left(180)
circle(200, 43)
# 叶脉 3
left(111)
circle(-220, 39)
left(180)
circle(220, 39)
# 叶梗
```

```
pensize(2)
right(20)
circle(220,20)

leaf2("green")
hideturtle()
done()
```

运行代码，如图 12.7 所示，一片复杂的树叶就画好了！

图 12.7 复杂的树叶

同样的道理，我们可以画出由七个子树叶组成的大树叶，也可以将每片子树叶涂成不同的颜色，最终得到一片七彩树叶，同时还可以写一些文字装饰一下，代码如下。

```
from tkinter.font import BOLD
from turtle import *
speed(0)

def leaf2(colorname):
    pensize(1)
    color("black", colorname)
    # 树叶 1
    fillcolor("red")
    begin_fill()
    circle(50, 90)
```

```
left(90)
circle(50, 90)
end_fill()
# 树叶 2
fillcolor("purple")
begin_fill()
left(10)
circle(50, 90)
left(90)
circle(50, 90)
end_fill()
# 树叶 3
fillcolor("orange")
begin_fill()
right(120)
circle(75, 90)
left(90)
circle(75, 90)
end_fill()
# 树叶 4
fillcolor("blue")
begin_fill()
right(90)
circle(75, 90)
left(90)
circle(75, 90)
end_fill()
# 树叶 5
fillcolor("yellow")
begin_fill()
right(50)
circle(100, 90)
left(90)
circle(100, 90)
```

```
end_fill()
# 树叶 6
fillcolor("cyan")
begin_fill()
right(180)
circle(100, 90)
left(90)
circle(100, 90)
end_fill()
# 树叶 7
fillcolor("green")
begin_fill()
left(45)
circle(105, 90)
left(90)
circle(105, 90)
end_fill()
color("black")
# 叶脉 1
left(114)
circle(200, 42)
left(180)
circle(-200, 42)
# 叶脉 2
right(93)
circle(-200, 40)
left(180)
circle(200, 40)
# 叶脉 3
right(135)
circle(-200, 30)
left(180)
circle(200, 30)
# 叶脉 4
```

```
        right(152)
        circle(-150, 28)
        left(180)
        circle(150, 28)
        # 叶脉 5
        right(24)
        circle(200, 40)
        left(180)
        circle(-200, 40)
        # 叶脉 6
        left(145)
        circle(200, 30)
        left(180)
        circle(-200, 30)
        # 叶脉 7
        left(110)
        circle(150, 28)
        left(180)
        circle(-150, 28)
        # 叶梗
        right(180)
        pensize(3)
        right(20)
        circle(-220, 30)
hideturtle()

right(90)
leaf2("red")

penup()
goto(-100, -150)
write(" 多彩秋天 ", font=("xxx 字体 ", 30, "bold"))
                        # 选择一个计算机上已经安装的字体
done()
```

运行代码，如图 12.8 所示，得到了一片美丽的七彩树叶！

图 12.8　七彩树叶

12.5　无边落木萧萧下

接下来我们可以将简单的树叶和复杂的树叶结合起来绘制一幅画。这是我们这章最复杂的一段程序，但内容我们都学过，认真分析一定能够学明白的！

我们将画单片树叶和多片树叶的程序分别封装成函数，通过判断循环变量是单数还是双数来决定画哪种树叶，核心代码如下。

```
for i in range(20):
    if i % 2 == 0:
        leaf2(c)
    else:
        leaf1(c)
```

这幅画的完整代码如下。

```
from turtle import *
from random import *
bgcolor("lightgrey")
speed(0)
hideturtle()
```

```
springcolor = ["greenyellow", "yellowgreen","darkolivegreen",
            "chartreuse", "lawngreen", "palegreen"]
autumncolor = ["red", "tomato", "coral","orange",
            "chocolate", "gold", "yellow"]

def leaf1(colorname):
    pensize(1)
    color("black", colorname)
    begin_fill()
    circle(100, 91)
    left(90)
    circle(100, 91)
    end_fill()
    pensize(2)
    left(119)
    circle(280, 35)

def leaf2(colorname):
    pensize(1)
    color("black", colorname)
    begin_fill()
    # 树叶1
    circle(100, 91)
    left(90)
    circle(100, 91)
    # 树叶2
    left(20)
    circle(100, 91)
    left(90)
    circle(100, 91)
    # 树叶3
    left(20)
    circle(100, 91)
```

```
    left(90)
    circle(100, 91)
    end_fill()
    # 叶脉 1
    left(114)
    circle(200, 42)
    left(180)
    circle(-200, 42)
    # 叶脉 2
    right(3)
    circle(-200, 43)
    left(180)
    circle(200, 43)
    # 叶脉 3
    left(111)
    circle(-220, 39)
    left(180)
    circle(220, 39)
    # 叶梗
    pensize(2)
    right(20)
    circle(220, 20)

for i in range(20):
    x = randint(-300, 300)
    y = randint(-300, 300)
    penup()
    goto(x, y)
    pendown()
    c = choice(autumncolor+springcolor)
    if i % 2 == 0:
        leaf2(c)
    else:
        leaf1(c)
done()
```

运行代码，如图 12.9 所示，最终的效果图很漂亮，而且每次运行出来的结果都不一样！

图 12.9　无边落木萧萧下

画树叶的方法你学会了吗？只要我们会画一片树叶，并且知道复杂树叶可以由单片树叶组成，我们就可以尝试画多种多样的树叶啦！也可以尝试着改变树叶的颜色、大小、数量或改变图片的背景，添加文字……微小的改动可能会给绘画作品增色不少呢！你的作品《无边落木萧萧下》是什么样子的？快来试试吧！

第十三章

山花烂漫 —— 花朵的画法

1. 掌握画弧线的深度应用
2. 熟悉花朵类图形的绘制技巧
3. 学习随机数在复杂画面中的应用

我们小时候刚开始学绘画时，常画的几样东西中一定有一朵小花。不仅因为它画起来简单、生活中常见，更因为花朵是我们描绘美好生活、完美世界时不可缺少的元素。这一章我们就来学习用程序画如图 13.1 所示的花朵。

图 13.1　程序绘制的花朵

13.1　一朵花

我们先观察一朵花的构成：花瓣和花蕊。由于花蕊显示在最上方，所以我们先画花瓣，后画花蕊。

我们先来画一个花瓣，它由两条直线和一条弧线组成。用代码实现比较简单，通过 forward() 语句画第一条直线，通过 circle() 语句画弧线，最后通过 goto(0, 0) 让画笔回到起点画出第二条直线。这样一个花瓣的轮廓就画好了，代码如下。

```
from turtle import *
forward(200)
circle(30, 180)
goto(0, 0)
done()
```

运行代码，如图 13.2 所示，我们得到了一个花瓣的轮廓。

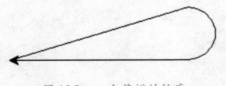

图 13.2　一个花瓣的轮廓

一个花瓣画好了，其他的花瓣就简单了，我们按照同样的方式绘制就可以了。需要注意旋转的角度，圆的一周是 360°，如果要画 18 个花瓣，那么画一个花瓣需要旋转 20°。同样的道理，我们可以根据一朵花的花瓣数计算每个花瓣旋转的角度，代码如下。

```
from turtle import *
for i in range(18):
    left(20*i)
    forward(200)
```

```
        circle(30, 180)
        goto(0, 0)
        home()
    done()
```

运行代码，如图 13.3 所示，一朵花的轮廓就出现了。

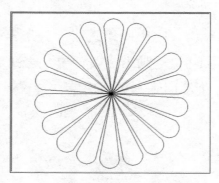

图 13.3　一朵花的轮廓

下一步就需要填充颜色了。我们想画一朵白色的花，先通过 bgcolor() 语句设置背景的颜色，代码如下。

```
from turtle import *
bgcolor("green")
color("white")
for i in range(18):
    left(20*i)
    begin_fill()
    forward(200)
    circle(30, 180)
    goto(0, 0)
    end_fill()
    home()
done()
```

运行代码，如图 13.4 所示，一朵白色的花出现了。

图 13.4　一朵白色的花

接下来，我们开始画黄色的花蕊。这个步骤就更简单啦，只需在设置颜色后，通过 dot() 语句画一个圆点就可以啦，代码如下。

```
color("yellow")
dot(80)
```

画一朵完整的花的代码如下。

```
from turtle import *
speed(0)
setup(600, 500)
bgcolor("green")
color("white")
for i in range(18):
    left(20*i)
    begin_fill()
    forward(200)
    circle(30, 180)
    goto(0, 0)
    end_fill()
    home()
color("yellow")
dot(80)
done()
```

运行代码，如图 13.5 所示，一朵完整的花就出现了。

图 13.5　一朵完整的花

13.2　一朵自然的花

上一节中我们画的花朵很漂亮，但是有一个问题 —— 花瓣过于整齐，过于对称，不够自然。我们用什么方法可以改变这个状态呢？当然是随机数。画一个花瓣的过程分为画直线和画弧线，这两个部分我们都可以通过设置随机范围来增加每个花瓣的变化，这样就能让整朵花变得更加自然，修改后的完整代码如下。

```python
from turtle import *
from random import *
speed(0)
setup(600, 500)
bgcolor("green")
color("white")
for i in range(18):
    left(20*i)
    begin_fill()
    long = randint(190, 210)
    forward(long)
    angle = randint(170, 190)
    circle(30, angle)
    goto(0, 0)
```

```
        end_fill()
        home()
color("yellow")
dot(80)
done()
```

运行代码，如图 13.6 所示，花瓣间是不是增加了变化？花朵变得更加自然啦！

图 13.6 一朵自然的花

13.3 花丛

下面我们来画花丛吧。首先需要我们把画一朵花的代码封装成一个函数，代码如下。

```
from turtle import *
from random import *
speed(0)
setup(600, 500)
bgcolor("green")

def flower():
    color("white")
    for i in range(18):
```

```
        left(20*i)
        begin_fill()
        long = randint(190, 210)
        forward(long)
        angle = randint(170, 190)
        circle(30, angle)
        goto(0, 0)
        end_fill()
        home()
    color("yellow")
    dot(80)


flower()
done()
```

但是在运行代码时，我们会发现无论调用多少次，程序都是在相同的位置画出花朵。所以我们要把花朵的中心坐标 (x,y) 设置成函数的参数，这样就可以改变花朵的位置啦。

在画花朵的过程中，我们也要注意将回到起点的代码调整为回到 (x,y)。在画每个花瓣之前要先让画笔移动到指定位置，这个过程要兼顾抬笔和落笔，避免不必要的线条；画完一个花瓣的弧线后要回到花蕊位置，代码由原来的 goto(0,0) 变为 goto(x,y)；在画完一个花瓣准备回花蕊的 home() 语句之前要增加抬笔操作，因为以前的花蕊在画布中心，通过 home() 语句只是初始化了画笔角度，在执行这行代码的时候，画笔已经通过前面的 goto(0,0) 回到了画布中心，不会画直线了；在画花蕊之前要将画笔提前移动到 (x,y) 的位置。

修改后的完整代码如下，新增及修改的地方已经做了注释说明。

```
from turtle import *
from random import *
speed(0)
setup(600, 500)
```

```
bgcolor("green")

def flower(x, y):
    color("white")
    for i in range(18):
        penup()   # 新增 移动画笔前抬笔
        goto(x, y)   # 新增 移动画笔到花蕊位置
        pendown()   # 新增 画之前落笔
        left(20*i)
        begin_fill()
        long = randint(190, 210)
        forward(long)
        angle = randint(170, 190)
        circle(30, angle)
        goto(x, y)   # 修改 画花瓣的第二条直线
        end_fill()
        penup()   # 新增 避免多余线条
        home()
    goto(x, y)   # 新增 画花蕊前移动画笔
    color("yellow")
    dot(80)

for i in range(5):
    x = randint(-350,350)
    y = randint(-500,500)
    flower(x, y)
done()
```

这样我们就可以在随机位置画很多朵花啦。这时我们又遇到一个问题，花朵的尺寸很大，几朵花就充满了整块画布。我们要如何调整花朵的尺寸呢？答案是将花瓣的直线长度设置为函数 flower() 的参数。

这里主要修改三个地方：花瓣直线的长度，花瓣弧线的半径变为花瓣直线的六分之一（需要取整），花蕊变为花瓣直线长度的一半（需要

取整）。修改的地方也在下面的代码中做了注释说明，代码如下。

```python
from turtle import *
from random import *
speed(0)
setup(600, 500)
bgcolor("tan")


def flower(long, x, y):
    color("white")
    for i in range(18):
        penup()
        goto(x, y)
        pendown()
        left(20*i)
        begin_fill()
        long1 = randint(int(long*0.95), int(long*1.05))
                # 花瓣直线的长度
        forward(long1)
        angle = randint(170, 190)
        circle(int(long1/6), angle)
                    # 花瓣弧线的半径变为花瓣直线的六分之一
        goto(x, y)
        end_fill()
        penup()
    home()
    goto(x, y)
    color("yellow")
    dot(int(long1/2))  # 花蕊变为花瓣直线长度的一半

for i in range(30):
    x = randint(-300, 300)
    y = randint(-250, 250)
    flowerlong = randint(50, 80)
```

```
flower(flowerlong, x, y)
done()
```

运行代码，如图 13.7 所示，我们得到了一个花丛。

图 13.7　花丛

13.4　山花烂漫时

观察图 13.7，还缺什么呢？没错，缺少绿叶！鲜花还需绿叶配。在前面的章节中我们已经详细学习了画绿叶的方法，这里不再赘述啦！有不明白的地方可以翻看前面章节的讲解哦！

定义画叶子的函数 leaf()，四个参数分别代表叶子的边线长、横纵坐标、填充的颜色。定义及调用 leaf() 的代码如下。

```
def leaf(long, x, y, col):
    penup()
    goto(x, y)
    pendown()
    color(col)
    begin_fill()
    long1 = randint(int(long*0.8), int(long*1.2))
    circle(long1, 90)
    left(90)
    circle(long1, 90)
```

```
end_fill()

for i in range(100):
    x = randint(-350, 350)
    y = randint(-500, 500)
    leaflong = randint(50, 80)
    leaf(leaflong, x, y, "green")
```

运行代码，如图 13.8 所示，我们得到了很多片叶子。

图 13.8 很多片叶子

下面是最激动人心的时刻，我们把画花朵和画叶子的代码放在一起。再精心设置一个背景颜色，一幅大作《山花烂漫时》就诞生啦！完整代码如下。

```
from turtle import *
from random import *

setup(800, 600)
bgcolor("black")
tracer(False)

def flower(long, x, y):
    # 三个参数为花瓣长度、花蕊的横坐标和纵坐标
    color("white")
    for i in range(18):
        penup()
```

```
            goto(x, y)
            pendown()
            left(20*i)
            begin_fill()
            long1 = randint(int(long*0.95), int(long*1.05))
            forward(long1)
            angle = randint(170, 190)
            circle(int(long1/6), angle)
            goto(x, y)
            end_fill()
            penup()
            home()
            goto(x, y)
        color("yellow")
        dot(int(long1/2))

def leaf(long, x, y, col):
    penup()
    goto(x, y)
    pendown()
    color(col)
    begin_fill()
    long1 = randint(int(long*0.8), int(long*1.2))
    circle(long1, 90)
    left(90)
    circle(long1, 90)
    end_fill()

# 叶子
for i in range(100):
    x = randint(-350, 350)
    y = randint(-500, 500)
    leaflong = randint(50, 80)
    leaf(leaflong, x, y, "yellow green")

# 花
```

```
for i in range(30):
    x = randint(-350, 350)
    y = randint(-500, 500)
    flowerlong = randint(50, 80)
    flower(flowerlong, x, y)

# 保存图片
img = getscreen()
img.getcanvas().postscript(file="2.png")
done()
```

运行代码，结果如图 13.9 所示，《山花烂漫时》就画好了。

图 13.9　山花烂漫时

还能更美一点儿吗？还可以变化叶子的颜色，如图 13.10 所示。

图 13.10　山花烂漫时 —— 改变叶子的颜色

还能再美一点儿吗？可以把花瓣的颜色和花蕊的颜色作为参数提炼出来，这样就可以画色彩丰富的花了！如图 13.10 所示。

图 13.11 山花烂漫时 —— 改变花朵的颜色

我们可以将花朵的颜色和叶子的颜色分别存入列表，通过 random 库中的 choice() 随机选择颜色，以此来创作不同的作品，终极代码如下。

```python
from turtle import *
from random import *

setup(800, 600)
bgcolor("Purple4")
tracer(False)

color_leaf = ["yellow green", "olive drab", "green",
"dark olive green"]
color_flower = ["red", "orange", "pink", "purple",
"white", "blue"]

def flower(long, x, y, col1, col2):
    # 5 个参数分别为花瓣长度、花蕊的横坐标、花蕊的纵坐标、花瓣
颜色、花蕊颜色
    color(col1)
    for i in range(18):
        penup()
        goto(x, y)
        pendown()
        left(20*i)
        begin_fill()
```

```
            long1 = randint(int(long*0.95), int(long*1.05))
            forward(long1)
            angle = randint(170, 190)
            circle(int(long1/6), angle)
            goto(x, y)
            end_fill()
            penup()
            home()
            goto(x, y)
        color(col2)
        dot(int(long1/2))


def leaf(long, x, y, col):
    penup()
    goto(x, y)
    pendown()
    color(col)
    begin_fill()
    long1 = randint(int(long*0.8), int(long*1.2))
    circle(long1, 90)
    left(90)
    circle(long1, 90)
    end_fill()


# 叶子
for i in range(100):
    x = randint(-350, 350)
    y = randint(-500, 500)
    leafcolor = choice(color_leaf)
    leaflong = randint(50, 80)
    leaf(leaflong, x, y, leafcolor)


# 花
for i in range(30):
```

```
x = randint(-350, 350)
y = randint(-500, 500)
flowerlong = randint(50, 80)
color1 = choice(color_flower)
color2 = choice(color_flower)
flower(flowerlong, x, y, color1, color2)

done()
```

　　好的作品都是修改出来的。我们把完整代码写完之后，就可以开启创作之旅啦，主要的方法就是修改参数。改变一个参数就可能产生一幅全新的作品啦！在这章我们能修改的参数可真不少，可以改变花朵的数量、大小、颜色（花瓣和花蕊）及花朵颜色的范围（通过改变颜色列表的元素数），叶子的数量、大小、颜色及叶子颜色的范围，背景的颜色、画布的大小等。同一段代码稍做修改就可以产生令人惊喜的作品，你的作品是怎样的呢？修改了几个参数我们得到了如图 13.12 所示的图片。

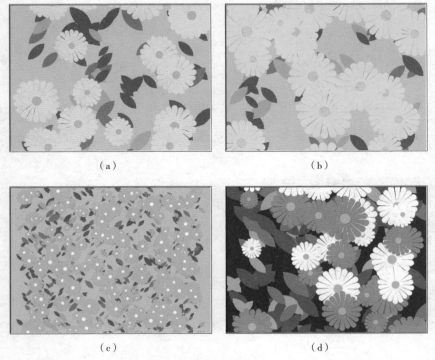

（a）　　　　　　　　　　　　（b）

（c）　　　　　　　　　　　　（d）

图 13.12　修改参数后的作品

| 第十四章 |

岁月与年轮 —— 程序模拟素描

重点 点知识

1. 掌握程序模拟素描的技巧
2. 了解随机在程序绘画中的应用

年轮是一个具有诗意的符号。一棵树需要很长时间才能长大，在这漫长的时间里，树木需要经历花开花落、云卷云舒，经历沧海桑田、时移事易，而这所有的经历都沉淀在一圈圈的年轮里。很多艺术作品都融入了年轮的元素，这一章我们也用程序画一张年轮的素描。是的，你没看错，就是用程序模拟素描，我们开始吧！

如图 14.1 所示，我们先来仔细观察一下树木的年轮，除了一圈一圈的纹理外，还有从圆心向外辐射的纹理。

图 14.1　树木的年轮

根据观察的结果，我们可以分解出画年轮素描的最基本笔画：一条弧线加两条直线，如图 14.2 所示。但现在我们还不能看出这是年轮，我们需要把这个基本笔画重复多次。而且每次都需要通过随机数改变半径和弧线对应的角度。如果你有很多疑惑，先不要着急，接下来我们一步一步地讲解。

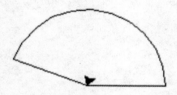

图 14.2 画年轮的基本笔画

怎么画上面的基本笔画呢？可以分解成三步：先到画弧线的位置，再画弧线，最后回到起点，代码如下。

```
from turtle import *
# 去到位置
forward(80)
# 开始画
left(90)
circle(80, 160)
# 回到起点
goto(0, 0)
done()
```

上面的代码中需要注意，forward() 语句中的参数和 circle() 语句中的第一个参数一定要保持一致，因为这两个数字都代表圆弧的半径。

下面开始重复这个过程，并加入随机数。将半径、弧线对应的角度变为随机数，代码如下。

```
from turtle import *
from random import *
speed(0)
```

```
for i in range(500):
    r = randint(50, 280)
    a = randint(10, 360)
    # 去到位置
    forward(r)
    # 开始画
    left(90)
    circle(r, a)
    # 回到起点
    goto(0, 0)
done()
```

运行代码，如图 14.3 所示，我们得到了想要的年轮素描效果。

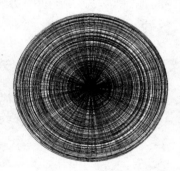

图 14.3　程序绘制的年轮

我们还可以设置一下画布的尺寸以及背景颜色，最后再添上一句诗，进行点题。这里我们选择了类似牛皮纸的颜色作为画布背景，同时选择一种类似手写的字体。一幅年轮素描就画出来啦！完整代码如下。

```
from turtle import *
from random import *
setup(750, 700)
bgcolor("tan")
speed(0)
for i in range(400):
    r = randint(50, 280)
    a = randint(10, 360)
```

```
    # 去到位置
    forward(r)
    # 开始画
    left(90)
    circle(r, a)
    # 回到起点
    goto(0, 0)
  penup()
  goto(-300, -310)
  write("I leave no trace of wings in the air,but I am
glad I have had my flight.", font=('Segoe Script', 13,
'normal')
  hideturtle()
  done()
```

运行代码，如图 14.4 所示，欣赏一下我们用程序绘制的年轮素描吧！

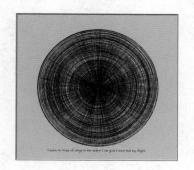

图 14.4　年轮素描

发挥一下创意，我们来改造前面的程序。例如，我们可以改变画笔颜色，得到如图 14.5 所示不同颜色的年轮素描。

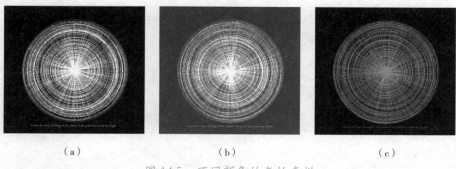

（a）　　　　　　　　（b）　　　　　　　　（c）

图 14.5　不同颜色的年轮素描

也可以尝试多画几个年轮，让它们叠加在一起，如图 14.6 所示。

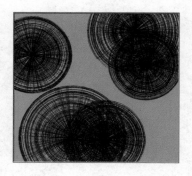

图 14.6　多个年轮叠加的素描

程序真的可以模拟素描，你还能想出其他创意吗？

| 第十五章 |

抽象之美 —— 美妙的曼陀罗

重点知识

1.掌握抽象图形的绘画技巧

2.学习重复与规律在绘图中的应用

3.了解简单的曼陀罗图案的画法

曼陀罗指一切圣贤、功德聚集的地方。很多人熟知曼陀罗是因为其美妙的图案。这一章我们就用程序绘制曼陀罗图案。

曼陀罗图案一般是由一圈一圈的图案组成的，每一圈图案一般是由简单的图案重复并旋转而成的。所以绘制曼陀罗图案有两个要点：一是要了解曼陀罗的结构，也就是用程序实现一圈一圈的图案的方法；二是要设计好组成一圈图案中重复出现的单元图案。

如果把曼陀罗图案想象成一朵花，要想画好这个图案既要懂得绘制一圈花瓣的方法，也要设计好重复出现的花瓣。

15.1　曼陀罗图案的结构

曼陀罗图案是由一圈一圈的图案组成的，画一圈图案的方法与我们前面学习画花朵的方法基本一致，关键是花瓣数量的设置和每个花瓣的旋转角度的设置。

圆一周是 360°，所以 360 除以花瓣数就是每个花瓣的旋转角度。例如，在下面的代码中，花瓣数为 num，所以每个花瓣的旋转角度为 360/num。我们通过 for 循环语句重复这个过程，需要每次画完一个花瓣后通过 home() 将角度和位置恢复到初始状态，再通过 right(ang*i) 重新旋转角度，为画下一个花瓣做准备，代码如下。

```python
from turtle import *

def draw(num, r):
    # 参数意义  一周被分的份数（花瓣数），圆的半径
    for i in range(num):
        ang = 360/num
        right(ang*i)
        forward(r)
        dot(10)
        home()

draw(10, 30)
hideturtle()
done()
```

运行代码，如图 15.1 所示，我们得到了最基本的曼陀罗图案。

图 15.1　基本的曼陀罗图案

我们将上面的代码稍做修改，多调用几次 draw() 语句，这样就可以多绘制几圈图案了，代码如下。

```python
from turtle import *
speed(0)

def draw(num, r):
    # 参数意义 一周被分的份数，圆的半径
    for i in range(num):
        ang = 360/num
        right(ang*i)
        forward(r)
        dot(10)
        home()

for i in range(15):
    draw(10+2*i, 20*i)
done()
```

运行代码，如图 15.2 所示，我们得到了复杂一点儿的图案，是不是具备了规律的美感了？

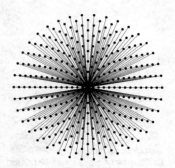

图 15.2 "花瓣"为带圆点的直线的曼陀罗图案

现在的一圈图案是带圆点的一条直线，这个带圆点的直线就是"花瓣"。只要我们改变这个"花瓣"的形状，就能绘制出很多漂亮的曼陀罗图案了。

例如，我们把一圈图案中重复的图案（下文简称"花瓣"）变为一个点加一个四边形，代码如下。

```python
from turtle import *
speed(0)

def draw(num, r, d):
    # 参数意义 一周被分的份数（"花瓣"数），整朵花的半径，圆点的直径
    for i in range(num):
        ang = 360/num
        right(ang*i)
        forward(r)
        dot(d)
        pendown()
        circle(d,360,4)
        penup()
        home()

penup()
for i in range(12):
    draw(10+2*i, 20*i, 10+2*i)
done()
```

运行代码，如图 15.3 所示，来看看我们得到的图案吧！

图 15.3 "花瓣"为一个点加一个四边形的曼陀罗图案

15.2 设计简单的"花瓣"

上一节中的图案虽然简单，但已经揭示了绘制曼陀罗图案的原理 —— 依次绘制一圈一圈的图案，然后通过调整"花瓣"的形状，改变这个曼陀罗图案的样式。我们是从里圈逐渐向外圈画，也可以把顺序调为从外圈开始画。每一圈可以用不同的形状、颜色、数量的"花瓣"，或画出不同圈的半径，还可以根据我们的设计增加或减少圈数……看似简单的图案也会有无穷的乐趣，无数的变化！

下面我们开始设计"花瓣"，其实这里没有固定的方法，可以说是随心所欲。几乎所有的简单图案都可以通过重复获得规律的美感。例如，我们可以参考前面章节中画树叶的方法，用两个圆弧组成一个树叶形状的花瓣。代码逻辑和前面学习的画树叶的方法相似，这里不再赘述。我们把"花瓣"的代码封装成一个函数 draw()，并把花瓣的颜色、数量、长度和距花蕊的距离这四个数字设置为参数，于是就得到了下面的代码。

```
def draw(col,num,r,d):
    # 参数意义　花瓣的颜色、数量、长度，距花蕊的距离
    color(col)
    for i in range(num):
        angle = 360/num
        left(angle*i)
        forward(d)  # 离花蕊的半径
        right(45)  # 旋转45°
        begin_fill()
        circle(r,90)
        left(90)
        circle(r,90)
        end_fill()
        home()
```

　　多次调用这个函数，我们可以画很多圈图形。通过调整参数就可以很轻松地设置每一圈"花瓣"的样式，再配合前面画点的函数，可以设计一幅漂亮的曼陀罗图案，代码如下。

```python
from turtle import *
tracer(False)
setup(600, 500)
bgcolor("tan")


def draw(col,num,r,d):
    # 参数意义  花瓣的颜色、数量、长度，距花蕊的距离
    color(col)
    for i in range(num):
        angle = 360/num
        left(angle*i)
        forward(d)  # 离花蕊的半径
        right(45)  # 旋转 45°
        begin_fill()
        circle(r,90)
        left(90)
        circle(r,90)
        end_fill()
        home()


def draw_dot(num, r):
    # 参数意义   一周被分的份数，圆的半径
    for i in range(num):
        ang = 360/num
        left(ang*i)
        forward(r)
        dot(10)
        home()
```

```
draw("red",12,100,60)
draw("pink",12,100,50)
draw("red",12,100,30)
draw("pink",12,100,20)
draw("skyblue",10,50,50)
draw("red",8,50,0)
color("purple")
draw_dot(10, 40)
color("yellow")
dot(40)
```

运行代码,如图15.4所示,我们得到了一个花型曼陀罗图案。每个"花瓣"的设计技巧,本质上就是多次绘制同样大小的"花瓣",但每次都缩短了与花蕊的距离,改变了颜色,这样就得到了"花瓣"。由此可见复杂的图案也是由简单的图案组成的。

图 15.4 花型曼陀罗图案

15.3 设计复杂的"花瓣"

"花瓣"还可以更复杂吗?当然可以!反复按照一定的规律绘制一个精致、复杂的图案可是计算机的特长。只要我们能设计出复杂的"花瓣",计算机就能够不厌其烦地帮我们重复执行。

接下来，我们就设计一个复杂的"花瓣"。这个"花瓣"本身就是由一圈旋转的圆组成的，除此之外再加上一个点。我们把这个过程设计成一个函数 draw_in()，并把点的直径设置为参数，代码如下。

```
def draw_in(d):
    dot(d)
    pendown()
    for i in range(10):
        right(36)
        circle(10)
    penup()
```

运行代码，"花瓣"的形状如图 15.5 所示。

图 15.5   一个"花瓣"

下面我们把这个"花瓣"组合成画一圈图形的函数，也就是在画一圈"花瓣"的函数 draw() 里通过多次调用画一个花瓣的函数 draw_in() 来完成一圈图形的绘制，代码如下。

```
def draw(num, r, n1):
    # 参数意义  一周被分的份数，距花蕊的距离，传递给 draw_in()
    的参数
    for i in range(num):
        ang = 360/num
        right(ang*i)
        forward(r)
        draw_in(n1)
        backward(r)
        left(ang*i)
```

接下来再多次调用 draw() 函数，这样就可以绘制更复杂的曼陀罗图案了，完整代码如下。

```python
from turtle import *
speed(0)

def draw_in(d):
    dot(d)
    pendown()
    for i in range(10):
        right(36)
        circle(10)
    penup()

def draw(num, r, n1):
    # 参数意义 一周被分的份数，圆的半径，传递给 draw_in() 的参数
    for i in range(num):
        ang = 360/num
        right(ang*i)
        forward(r)
        draw_in(n1)
        backward(r)
        left(ang*i)

penup()
for i in range(15):
    draw(10+2*i, 20*i, 10+2*i)
done()
```

运行代码，如图 15.6 所示，绘制的效果是不是精细很多？其实再复杂、精致的图案都是可以用类似的方法设计出来的。关键是设计一个"花瓣"的样式，后面重复的工作都交给计算机程序就可以了！"花瓣"设计得越复杂、越精致，最后的曼陀罗图案也就越令人惊艳。

图 15.6　复杂的曼陀罗图案

　　你已经学会了用程序绘制曼陀罗图案的原理和方法啦！动手练习起来吧！开始绘制属于你自己的曼陀罗图案吧！

第十六章

大美中国风 —— 剪纸艺术

重点知识

1. 掌握抽象图形的绘画技巧
2. 了解重复与规律在绘图中的应用
3. 学习剪纸图形的画法

如图 16.1 所示，剪纸是一项深受大众喜爱的民间艺术，同时也是一项非物质文化遗产。我们在日常生活中、重要节日里、重大场合上常常用剪纸做装饰，以此来寄托美好的寓意和祝福。这一章我们就通过程序绘制剪纸。

我们绘制的剪纸与前面学习的绘制曼陀罗图案在代码结构和实现方法上极其相似，都是一圈简单的图形重复，最终构成一个完整的作品，我们先从简单的剪纸开始吧！

图 16.1 剪纸

16.1 简单的剪纸

我们先通过一圈圆形连续旋转、重复组成一个简单的剪纸作品。这段代码我们在前面的章节中学习过，我们需要做的是把画笔颜色变为红色，同时把画笔的尺寸调粗一些，这样剪纸的神韵瞬间就出来了。

我们可以在最外圈再画一个圆，画笔调得更粗一些，这样边缘更整齐，更像剪纸了，代码如下。

```python
from turtle import *
speed(0)
color("red")
pensize(10)
for i in range(18):
    right(20)
    circle(100)
penup()
goto(0, -200)
pendown()
pensize(15)
circle(200)
done()
```

运行代码，结果如图 16.2 所示，是不是很好看？

图 16.2　程序绘制的剪纸作品

我们还可以修改上面代码中 circle() 语句中的参数，将程序变为重复画正多边形，画出的效果也不错，修改的核心代码如下。

```
circle(100,360,8)
```

运行代码，结果如图 16.3 所示。

图 16.3　改参数后程序绘制的剪纸作品

16.2　复杂的剪纸

　　图 16.3 的剪纸作品只有一圈图案，我们可以像画曼陀罗图案那样，多增加几圈图案。这样就能画出更复杂的剪纸作品了。

　　下面我们先画两圈基本图案，最外面再将一个大圆作为边界。这里需要注意调整绘制图形的半径。这里的代码逻辑与前面讲解的曼陀罗图案的逻辑非常相似，如果有不懂的地方，可以翻看前面章节的讲解，代码如下。

```
from turtle import *
speed(0)
color("red")
pensize(10)
for i in range(36):
    right(10*i)
    forward(120)
    right(90)
```

```
    circle(40)
    home()
for i in range(36):
    right(10*i)
    forward(200)
    right(90)
    circle(40)
    home()
penup()
goto(0, -280)
pendown()
pensize(15)
circle(280)
done()
```

运行代码，获得的复杂的剪纸作品如图 16.4 所示。

图 16.4　复杂的剪纸作品

要想获得更精致、更复杂的图案，可以通过改变一圈中重复的图案来实现。例如，图 16.4 中的剪纸作品的基本图案是圆，我们再用点来改进一下。我们将作为边界的最外层的圆的线条调得更粗一些，然后在这个边界上用白色圆点装饰。这里有一个技巧，可以在白色背景上画红色图案来设计剪纸图案，也可以在红色背景上画白色图案模拟镂空效果，代码如下。

```
from turtle import *
speed(0)
color("red")
```

```
pensize(10)
for i in range(36):
    right(10*i)
    forward(120)
    right(90)
    circle(40)
    home()
for i in range(36):
    right(10*i)
    forward(200)
    right(90)
    circle(40)
    home()
penup()
goto(0, -280)
pendown()
pensize(50)
circle(280)
penup()
pensize(10)
color("white")
home()
for i in range(36):
    right(10*i)
    forward(280)
    dot(30)
    home()
done()
```

运行代码，结果如图 16.5 所示，获得的剪纸作品是不是更精致了？

图 16.5　精致的剪纸作品

16.3　加文字的剪纸

在剪纸上除了有各种图案，有时还会出现一些文字，如"福""囍""春"等。我们只需要设置对应的空白区域，然后用 write() 写字即可。

下面我们就在图 16.5 的基础上修改一下，变为有"春"字的剪纸。实现方法非常简单，在中心区域画一个大的、白色的圆点，然后写上红色的"春"字，增加的核心代码如下。

```
color("white")
dot(240)
goto(-130, -130)
color("red")
write(" 春 ", font=("simhei", 200, "bold"))
```

完整代码如下。

```
from turtle import *
speed(0)
color("red")
pensize(10)
for i in range(36):
    right(10*i)
    forward(120)
    right(90)
    circle(40)
    home()
for i in range(36):
    right(10*i)
    forward(200)
    right(90)
    circle(40)
    home()
penup()
```

```
goto(0, -280)
pendown()
pensize(50)
circle(280)
penup()
pensize(10)
color("white")
home()
for i in range(36):
    right(10*i)
    forward(280)
    dot(30)
    home()
color("white")
dot(240)
goto(-130, -150)
color("red")
write(" 春 ", font=(" 汉仪超粗黑简 ", 200, "bold"))
done()
```

运行代码，最终效果如图 16.6 所示。

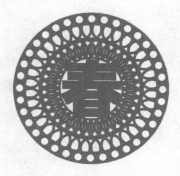

图 16.6　加文字的剪纸作品

用程序绘制剪纸作品的方法已经学完了，是不是很简单呢？你可以尝试着设计更复杂、更精致的作品哦！

| 第十七章 |

描点派独门暗器 —— 采点器

重点知识

1. 掌握用程序获取点的坐标的方法
2. 学习通过程序模仿绘制图片的思路、方法、技巧

如果你在网页上看到一张非常漂亮的线条图片，特别想用程序把它绘制出来并在朋友面前展示。有没有一种神奇的工具，能够通过在图片上点击就记录关键位置坐标呢？有了图片的关键坐标，我们再用程序绘制不就简单了吗？有没有这样的工具呢？没有！但是，我们可以用之前所学的知识自己做一个。现在就开始来做吧！

17.1　采点器

要想实现通过点击来记录点的坐标，需要用到我们之前学习的鼠标

事件 onscreenclick()。还记得这个知识点吗？这个函数有两个参数：点击鼠标时执行的函数和鼠标上按键的编号（1 代表鼠标左键、2 代表鼠标中间的键、3 代表鼠标右键）。需要注意如果第一个参数是自定义函数，定义函数时需要横坐标和纵坐标两个参数，它们分别代表点击鼠标那一刻画笔所在位置的横坐标和纵坐标。

　　下面我们就来实现点击鼠标左键输出画笔所在位置的坐标的功能吧！ onscreenclick() 第一个参数为定义的点击函数，第二个参数代表鼠标左键，代码如下。

```
from turtle import *

def click(x, y):
    print(x, y)

onscreenclick(click, 1)
done()
```

　　运行代码，点击鼠标左键，已经实现了输出画笔所在位置的坐标的功能了。神奇工具的核心内容已经讲完了，是不是很简单？

　　如果想描点，那就需要将要描的图片加载到画布中！所以，可以把图片设置为背景，如果无法显示图片，可以尝试把图片转为 .gif 格式。注意需要把要描的图片与程序的 .py 文件放在同一个文件夹中，代码如下。

```
from turtle import *
bgpic("pic1.gif")

def click(x, y):
    print(x, y)
```

```
onscreenclick(click, 1)
done()
```

再运行代码，只要我们沿着画布中的图片上的线条点击，对应的坐标就能输出了，太棒了！可是如果我们想用这些坐标，还需要我们将这些坐标手动复制、粘贴到代码中，这个过程太麻烦了而且特别容易出错。有没有什么办法解决这个难题呢？

当然有！我们可以建一个空列表 point_list，当点击运行程序时，自动将画笔的坐标存到列表中。把点的坐标添加到列表中，需要用两重括号 point_list.append((x, y))，这样每个列表元素就是一个包含横坐标和纵坐标的元组 (x, y)，代码如下。

```python
from turtle import *
bgpic("pic1.gif")
point_list = []  # 建空列表用来存储坐标点

def click(x, y):
    point_list.append((x, y))  # 将点的坐标以元组的方式存储
    print(point_list)


onscreenclick(click, 1)
done()
```

运行代码，如图 17.1 所示，我们可以看到输出的点的坐标列表了。如果之后我们想使用这些点的坐标，就方便多了！

```
[(-90.0, 93.0)]
[(-90.0, 93.0), (-58.0, -4.0)]
[(-90.0, 93.0), (-58.0, -4.0), (-58.0, 17.0)]
[(-90.0, 93.0), (-58.0, -4.0), (-58.0, 17.0), (-57.0, -9.0)]
[(-90.0, 93.0), (-58.0, -4.0), (-58.0, 17.0), (-57.0, -9.0), (-66.0, -42.0)]
```

图 17.1　输出的点的坐标列表

采集了点的坐标后，我们要如何将它们变为我们想要的图像呢？这就需要我们再做一个配合采点器使用的绘制工具，我们可以先给它起一个漂亮的名字 —— 超级画笔，英语是 superpen。

17.2　超级画笔 superpen

通过前面的采点器，我们有了一个由点的坐标组成的列表。要想把它变为图像其实很简单，只需要用 goto() 将各个坐标点变为一个首尾相连的轮廓图形，再进行颜色填充就可以了。需要注意的是在用采点器采点时，为了将最后的图形首尾相连，最后一个点一定要与第一个点是同一个位置，即所获得的坐标列表里第一个坐标元素和最后一个坐标元素要是相同的。

下面举个例子，代码如下。

```
from turtle import *
mylist = [(-52.0, 190.0), (-28.0, 22.0), (5.0, -9.0),
        (37.0, 24.0), (66.0, 192.0), (22.0, 115.0),
        (-9.0, 115.0), (-52.0, 190.0)]
penup()
goto(mylist[0])
pendown()
color("black")
begin_fill()
for n in mylist:
    goto(n)
end_fill()
hideturtle()
done()
```

从上面的代码中可以看出，所有的点的坐标都存在了列表 mylist[ ] 里。绘制之前，先通过 goto(mylist[0]) 将画笔移动到起始位置，同时注意抬笔和落笔；然后开始遍历列表并通过 goto() 依次将各个点连接起来，填充颜色后注意隐藏画笔。

循环语句 for n in mylist 中的变量 n 代表的是列表的坐标元素 —— 包含横坐标和纵坐标的元组，这样才可以通过下一行的 goto(n) 移动画笔。这里的 goto(n) 其实就是 goto(x,y)。运行代码，如图 17.2 所示，我们得到了一个图形。

图 17.2 连接点的坐标的基本图形

超级画笔的原理和基本代码已经完成了。但当遇到复杂图形时，需要多次用类似的代码绘制不同的部分，填充不同的颜色，最后组成一个整体图形。所以我们将前面的超级画笔的代码封装成一个函数 superpen()，将点的坐标列表和填充的颜色作为这个函数的两个参数，这样就可以轻松地多次使用这个超级画笔绘制复杂的图形了，代码如下。

```
from turtle import *
mylist = [(-52.0, 190.0), (-28.0, 22.0), (5.0, -9.0),
         (37.0, 24.0), (66.0, 192.0), (22.0, 115.0),
         (-9.0, 115.0), (-52.0, 190.0)]

def superpen(mylist, mycolor):
    penup()
    goto(mylist[0])
    pendown()
    color(mycolor)
    begin_fill()
```

```
    for n in mylist:
        goto(n)
    end_fill()


superpen(mylist, "black")
hideturtle()
done()
```

17.3　采点器和超级画笔的综合应用案例 —— 变形金刚

有了采点器就可以在现有的图片上找到关键点的坐标，有了超级画笔就可以把关键点的坐标连接起来并填充颜色。如果将这两个"神器"结合起来使用，能够画什么呢？我们先来看一个简单的例子，从网页上下载一个《变形金刚》中霸天虎的标志，先来画它吧！通过采点器可以很轻松地获得各个组成部分的坐标，然后再用超级画笔函数将点的坐标连接起来并填充颜色，这样就可以了，完整代码如下。

```
from turtle import *
bgcolor("grey")
hideturtle()


def superpen(mylist, mycolor):
    penup()
    goto(mylist[0])
    pendown()
    color(mycolor)
    begin_fill()
    for n in mylist:
        goto(n)
```

```
    end_fill()

list_1 = [(-54.0, 101.0), (-127.0, 130.0), (-165.0,
192.0), (-142.0, 14.0), (7.0, -206.0), (154.0, 15.0),
(177.0, 191.0), (142.0, 131.0), (67.0, 103.0), (56.0,
64.0), (126.0, 89.0), (128.0, 80.0), (54.0, 52.0),(49.0,
27.0), (129.0, 56.0), (127.0, 48.0), (46.0, 18.0),
(7.0, -25.0), (-36.0, 17.0), (-114.0, 47.0), (-116.0,
56.0), (-37.0, 28.0), (-42.0, 52.0), (-114.0, 78.0),
(-119.0, 86.0), (-47.0, 63.0), (-54.0, 101.0)]
list_2 = [(7.0, -12.0), (-25.0, 24.0), (-51.0,
188.0), (-9.0, 117.0),(22.0, 114.0), (67.0, 187.0),
(38.0, 25.0), (6.0, -11.0)]
list_3 = [(-140.0, -11.0), (-11.0, -207.0), (-123.0,
-145.0), (-140.0, -11.0)]
list_4 = [(22.0, -207.0), (153.0, -10.0), (136.0,
-144.0), (22.0, -207.0)]
list_5 = [(-5.0, -34.0), (-105.0, 4.0), (-26.0,
-79.0), (-5.0, -34.0)]
list_6 = [(19.0, -35.0), (36.0, -76.0), (115.0, 2.0),
(19.0, -35.0)]list_7 = [(-5.0, 82.0), (17.0, 82.0),
(6.0, 41.0), (-5.0, 82.0)]

superpen(list_1, "black")
superpen(list_2, "black")
superpen(list_3, "black")
superpen(list_4, "black")
superpen(list_5, "red")
superpen(list_6, "red")
superpen(list_7, "red")
done()
```

运行代码，结果如图 17.3 所示，一个《变形金刚》中霸天虎的标志
被我们重新绘制出来了！如果你不把这个制作过程解密，直接向你的朋

友们展示绘制成果，他们一定会对你佩服不已！

图 17.3 《变形金刚》中霸天虎的标志

用同样的方法，我们再画一个《变形金刚》中擎天柱的标志，完整代码如下。

```python
from turtle import *
# bgcolor("grey")
hideturtle()

def superpen(mylist, mycolor):
    penup()
    goto(mylist[0])
    pendown()
    color(mycolor)
    begin_fill()
    for n in mylist:
        goto(n)
    end_fill()


mylist1 = [(-193, 155), (-127, 148), (-121, 112), (-48, 64),
        (-41, -11), (-111, -2), (-170, 44), (-193, 155)]
mylist2 = [(-113, 151), (-108, 112), (-2, 46), (105, 114),
        (110, 150), (68, 166), (29, 172), (2, 173),
        (-46, 170), (-85, 164), (-113, 151)]
mylist3 = [(123, 147), (118, 114), (44, 62), (37, -13),
```

```
                    (106, -1), (168, 44), (189, 156), (123, 147)]
mylist4 = [(-38, 58), (-2, 29), (33, 57), (23, -104),
           (-25, -105), (-38, 58)]
mylist5 = [(-36, -24), (-79, -47), (-79, -178), (-59, -199),
           (-38, -143), (34, -142), (58, -195), (77, -178),
           (77, -48), (33, -26), (35, -114), (-35, -114),
           (-36, -24)]
mylist6 = [(-28, -152), (26, -151), (44, -198), (-46, -200),
           (-28, -152)]
mylist7 = [(-159, 17), (-118, -6), (-116, -27), (-90, -42),
           (-85, -171), (-150, -120), (-159, 17)]
mylist8 = [(159, 20), (113, -8), (114, -27), (87, -44),
           (86, -170), (150, -119), (159, 20)]
mylist9 = [(-60, 131), (57, 131), (0, 90), (-60, 131)]
mylist10 = [(-159, 110), (-156, 99), (-73, 40), (-73, 55),
            (-159, 110)]
mylist11 = [(-154, 80), (-152, 67), (-67, 9), (-67, 22),
            (-154, 80)]
mylist12 = [(70, 55), (69, 43), (153, 99), (154, 113),
            (70, 55)]
mylist13 = [(65, 21), (64, 10), (149, 69), (152, 81),
            (65, 21)]

superpen(mylist1, "black")
superpen(mylist2, "black")
superpen(mylist3, "black")
superpen(mylist4, "black")
superpen(mylist5, "black")
superpen(mylist6, "black")
superpen(mylist7, "black")
superpen(mylist8, "black")
superpen(mylist9, "white")
superpen(mylist10, "white")
superpen(mylist11, "white")
superpen(mylist12, "white")
superpen(mylist13, "white")
done()
```

运行代码，结果如图 17.4 所示。

图 17.4　《变形金刚》中擎天柱的标志

17.4　升级采点器

虽然前面我们已经应用采点器勉强地完成图片描点了，但对于稍微复杂的图片，就会显露它的缺点。如上一节的图片标志，它们是由多个部分组成的，这几个部分需要单独绘制，所以要求每个部分都要一个单独的存储点的坐标的列表。而我们现在的采点器程序每次运行只能形成一个列表。

不用担心，我们对现在的采点器程序进行升级，就能得到一个得心应手的"万能采点器"了。下面是升级的计划：

（1）点击鼠标左键采集点的坐标，加入列表，不输出；

（2）点击鼠标右键输出列表；

（3）点击鼠标中间的键清空列表；

（4）采点过程留下痕迹，记录过程，以防止出错。

如果实现上述功能，就可以在一张图片上采集不同的部分，采集图片一部分的点的坐标后就可以点击鼠标右键输出列表，没有问题后点击鼠标中间的键清空列表，然后重新开始图片下一个部分的点的坐标采集。如果采集的点的坐标比较多，常常忘了采集过哪些点了，可以通过留下痕迹的方法解决。

17.4.1　点击鼠标左键收集坐标

点击鼠标左键收集坐标的基本代码如下。

```
def click_addpoint(x, y):
    print(x, y)
    point_list.append((int(x), int(y)))
onscreenclick(click_addpoint, 1)
```

17.4.2　点击鼠标右键输出列表

将输出列表封装成一个函数，并通过 onscreenclick() 绑定到鼠标右键，注意 onscreenclick() 括号里的第二个参数"3"代表鼠标的右键。

```
def print_list(x, y):
    print(point_list)
onscreenclick(print_list, 3)
```

17.4.3　点击鼠标中间的键清空列表

定义一个清空列表函数，并通过 onscreenclick() 绑定到鼠标中间的键，注意 onscreenclick() 括号里的第二个参数"2"代表鼠标中间的键。

```
def clear_list(x, y):
    global point_list
    point_list = []
    print("列表已经清空")
onscreenclick(clear_list, 2)
```

17.4.4　采点过程留下痕迹

怎么留下采点痕迹呢？在点击的地方通过 dot() 画一个小点，并通过

goto() 将点击的位置与上一次点击的位置用线连接起来。由于采集的第一个点一般不是画布中心，所以容易出现从画布中心到采集的第一个点之间的多余直线，需要注意在采集完第一个点之后再落笔开始画线，代码如下。

```
def click_addpoint(x, y):
    print(x, y)
    point_list.append((int(x), int(y)))
    # 添加标记
    color("red")
    penup()
    if len(point_list) > 1:
        pendown()
    goto(x, y)
    dot(5)
onscreenclick(click_addpoint, 1)
```

运行代码并在画布上点击，这样就可以记录我们采点过程了，如图 17.5 中的箭头所示。

图 17.5 记录采点过程示意图

我们已经得到了一个完整的"万能采点器"程序啦！只要给你一张由直线构成的图，你就可以用这一章学习的代码重新绘制这张图片。"万能采点器"的完整代码如下。

```python
from turtle import *

point_list = []
bgpic("pic1.gif")

def click_addpoint(x, y):
    print(x, y)
    point_list.append((int(x), int(y)))
    # 添加标记
    color("red")
    penup()
    if len(point_list) > 1:
        pendown()
    goto(x, y)
    dot(5)

def print_list(x, y):
    print(point_list)

def clear_list(x, y):
    global point_list
    point_list = []
    print("列表已经清空")

onscreenclick(click_addpoint, 1)
onscreenclick(print_list, 3)
onscreenclick(clear_list, 2)
done()
```

　　将"万能采点器"的程序和超级画笔的程序结合使用，你可以绘制很多漂亮的图片！你已经成为半个艺术家啦！我们还可以在网页上寻找漂亮的图片，然后"复制"下来。在家人和朋友面前展示一下，观察一下他们的反应吧！

|第十八章|

月上琼楼图 —— 剪影艺术的模拟

重点知识

1. 掌握剪影图片的绘制方法
2. 学习使用随机数绘制复杂图形的方法

在中国传统文化里月亮是非常重要的元素，在唐诗宋词中我们常常能体会到古人通过描绘月亮来抒发情感、寄托思念，如"明月松间照，清泉石上流。""海上生明月，天涯共此时。""但愿人长久，千里共婵娟。"

这一章我们就用程序绘制一幅如图 18.1 所示的月上琼楼图吧！

图 18.1   月上琼楼图

这张图的主体是金色的月亮，前面的山和琼楼以及整个画面的背景都设置成黑色，最后再配上金色的文字。

组成这张图的元素很简单，有月亮、山、琼楼和文字四个部分。绘制的先后顺序非常重要，我们都知道程序绘画的特点是先画的元素会被后画的元素覆盖。这张图的主体是月亮，但被山和琼楼遮住了一部分。所以我们应该先画月亮，再画山和琼楼，最后添上文字。

18.1 金色的月亮

我们先来画一轮金色的月亮，这部分简单，我们用 circle() 或 dot() 来实现，这里我们用了 dot()，避免了单独书写填充语句。为了突出月亮，我们将画面的背景设置成黑色，同时通过 setup() 设置了画布的尺寸，代码如下。

```
from turtle import *
speed(0)
setup(600, 400)
bgcolor("black")
color("gold")
goto(0, 10)
dot(350)
done()
```

运行代码，如图 18.2 所示，夜空中一轮金色的月亮出现了。

图 18.2 金色的月亮

18.2　月色中的远山

远山是这幅画中的主体部分，为什么这么说呢？通过随机数，每次运行程序生成的远山的形状都不同，通过这样的设置，可以让每次程序运行获得的结果都是独一无二的！我们只能控制山形大致的走势，细节完全交给程序去做。画远山之前，我们先将画笔移动到画布最左端，代码如下。

```
penup()
goto(-300, -150)
pendown()
```

为了在黑色背景上能看出我们画的远山的线条，我们先将画笔颜色设置成红色，设计好之后再将画笔颜色换成黑色。我们画远山的形状就是找到山形轮廓的各个转折点，通过goto()语句连接起来，最后填充颜色。

通过观察可以发现山一般有一个最高点，以这个点为中线可以将远山分为左侧和右侧，左侧山体是逐渐升高的，右侧山体是逐渐降低的。假如左侧山体用 10 个点来画，坐标可以这样处理：横坐标每次增加 5，纵坐标利用随机数设置为逐渐增加，代码如下。

```
for i in range(10):
    x = -300 + 5*i
    y = -80+randint(2*i, 4*i)
    goto(x, y)
```

利用同样的方法，我们来画远山的右侧。横坐标每次增加 5，纵坐标利用随机数设置为逐渐减少。但这里需要注意根据画左侧山体的代码大致确定山的最高点的坐标，这个坐标点是画右侧山体的起点坐标。这里我们算出山的最高点的坐标约为 (–250,–80)，所以右侧山体轮廓的代码如下。

```
for i in range(10):
    x = -250 + 5*i
    y = -80-randint(2*i, 4*i)
    goto(x, y)
```

运行代码，如图 18.3 所示，我们得到了第一座远山的大致轮廓。

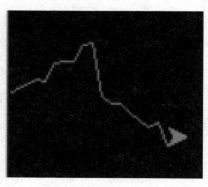

图 18.3　第一座远山

用同样的方法我们再接着画几座远山，最终形成山脉。山脉有高低起伏才好看，所以我们要学会调整参数。最主要的是要明白调整参数的原理，明白为什么这样调整。确定一座远山的轮廓需要两部分数据：宽度和高度。宽度通过 for 循环语句的前两行就能决定，需要调整 for 循环语句的循环次数和每次循环横坐标增大的数值。例如，下面的代码是用来画一座远山的左侧山体，循环了 10 次，横坐标每次增加 5，也就是左侧山体的宽度为 50，调整参数就能改变这个宽度。

```
for i in range(10):
    x = -300 + 5*i
```

右侧山体宽度的调整方法与上面的一样，需要注意的是一座远山的左右宽度不需要一致，可根据需要灵活调整。怎么调整山的高度呢？从 y = −80+randint(2*i, 4*i) 可以看到，决定纵坐标大小的是初始值 −80 和随机范围，我们可以通过修改这两个参数来改变远山的高度。

下面我们用这个方法再画四座远山，共五座远山，它们的宽度正好等于画布的宽，代码如下。

```
# 画第二座远山
for i in range(10):
    x = -200 + 5*i
    y = -70+randint(2*i, 4*i)
    goto(x, y)
for i in range(10):
    x = -150 + 5*i
    y = -80-randint(2*i, 4*i)
    goto(x, y)
# 画第三座远山
for i in range(10):
    x = -100 + 5*i
    y = -100+randint(2*i, 4*i)
    goto(x, y)
for i in range(10):
    x = -50 + 5*i
    y = -30-randint(2*i, 4*i)
    goto(x, y)
# 画第四座远山
for i in range(10):
    x = 10*i
    y = randint(5*i, 10*i)
    goto(x, y)
for i in range(10):
    x = 100 + 10*i
    y = 20-randint(5*i, 10*i)
    goto(x, y)
# 画第五座远山
for i in range(10):
    x = 200 + 5*i
    y = -100+randint(2*i, 4*i)
```

```
    goto(x, y)
for i in range(10):
    x = 250 + 5*i
    y = -80-randint(2*i, 4*i)
    goto(x, y)
```

运行代码，如图 18.4 所示，我们看到了五座远山连在一起的形状。

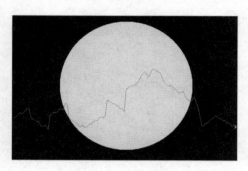

图 18.4　五座远山

为了填充颜色，我们需要把远山的各个点找到（如图 18.5 中的红点，这里为了让大家看清楚就将画布放大了一些），连成一个空心图形。

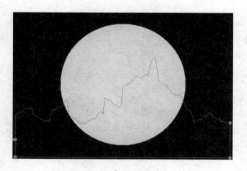

图 18.5　五座远山的细节图

需要在前面五座远山的代码后面增加几行代码：

```
goto(300, -100)
goto(300, -200)
goto(-300, -200)
goto(-300, -150)
```

下面我们来填充颜色，这样就得到了月色中的远山，如图 18.6 所示。

图 18.6　月色中的远山

18.3　山顶的琼楼

画琼楼没有复杂的知识点，是个细致活，只要有耐心就行。通过分析前面的代码，我们大概知道琼楼顶部的坐标为（70,70），然后依次画楼顶、楼身、三层平台、二层平台，代码如下。

```
penup()
goto(70, 70)
pendown()
setheading(0)
# 画楼顶
begin_fill()
forward(20)
right(45)
forward(8)
right(135)
forward(30)
right(135)
forward(8)
end_fill()
# 画楼身
begin_fill()
right(135)
forward(50)
```

```
left(90)
forward(20)
left(90)
forward(50)
left(90)
forward(20)
end_fill()
# 画三层平台
begin_fill()
left(90)
forward(15)
left(90)
forward(25)
right(90)
forward(3)
right(90)
forward(30)
right(90)
forward(3)
right(90)
forward(5)
end_fill()
# 画二层平台
begin_fill()
right(90)
forward(7)
left(90)
forward(25)
right(90)
forward(3)
right(90)
forward(30)
right(90)
forward(3)
right(90)
forward(5)
end_fill()
```

18.4 书写文字

好的文字可以点题，可以让整幅画面增添氛围。我们在合适的位置写上文字"月上琼楼"。

```
goto(-100, -160)
color("gold")
write(" 月上琼楼 ", font=(" 汉仪超粗黑简 ", 35, "bold"))
```

完整代码如下。

```
from turtle import *
from random import *
speed(0)
setup(600, 400)
bgcolor("black")

# 画金色的月亮
color("gold")
goto(0, 10)
dot(350)

#  画月色中的远山
color("black")
penup()
goto(-300, -150)
pendown()
begin_fill()
# 画第一座远山
for i in range(10):
    x = -300 + 5*i
    y = -80+randint(2*i, 4*i)
```

```
    goto(x, y)
for i in range(10):
    x = -250 + 5*i
    y = -80-randint(2*i, 4*i)
    goto(x, y)
# 画第二座远山
for i in range(10):
    x = -200 + 5*i
    y = -70+randint(2*i, 4*i)
    goto(x, y)
for i in range(10):
    x = -150 + 5*i
    y = -80-randint(2*i, 4*i)
    goto(x, y)
# 画第三座远山
for i in range(10):
    x = -100 + 5*i
    y = -100+randint(2*i, 4*i)
    goto(x, y)
for i in range(10):
    x = -50 + 5*i
    y = -30-randint(2*i, 4*i)
    goto(x, y)
# 画第四座远山
for i in range(10):
    x = 10*i
    y = randint(5*i, 10*i)
    goto(x, y)
for i in range(10):
    x = 100 + 10*i
    y = 20-randint(5*i, 10*i)
    goto(x, y)
# 画第五座远山
for i in range(10):
```

```
    x = 200 + 5*i
    y = -100+randint(2*i, 4*i)
    goto(x, y)
for i in range(10):
    x = 250 + 5*i
    y = -80-randint(2*i, 4*i)
    goto(x, y)
goto(300, -100)
goto(300, -200)
goto(-300, -200)
goto(-300, -150)
end_fill()

# 画山顶的琼楼
penup()
goto(70, 70)
pendown()
setheading(0)
# 画楼顶
begin_fill()
forward(20)
right(45)
forward(8)
right(135)
forward(30)
right(135)
forward(8)
end_fill()
# 画楼身
begin_fill()
right(135)
forward(50)
left(90)
forward(20)
```

```
left(90)
forward(50)
left(90)
forward(20)
end_fill()
# 画三层平台
begin_fill()
left(90)
forward(15)
left(90)
forward(25)
right(90)
forward(3)
right(90)
forward(30)
right(90)
forward(3)
right(90)
forward(5)
end_fill()
# 画二层平台
begin_fill()
right(90)
forward(7)
left(90)
forward(25)
right(90)
forward(3)
right(90)
forward(30)
right(90)
forward(3)
right(90)
forward(5)
```

```
end_fill()

# 书写文字
goto(-100, -160)
color("gold")
write("月上琼楼", font=("汉仪超粗黑简", 35, "bold"))
hideturtle()
done()
```

运行代码，如图 18.7 所示，我们得到了一幅美丽的月上琼楼图！

图 18.7　程序绘制的月上琼楼图

18.5　发挥创造力吧

如果想让月上琼楼图变得更有特色、更有个性，我们还可以发挥想象力进行改编哦！

例如，想让月亮的纹理更漂亮，我们可以将画月亮的代码修改一下。

```
color("gold")
goto(0, 10)
dot(350)
for i in range(35, 0, -1):
    if i % 2 == 0:
        color("gold")
```

```
else:
    color("yellow")
dot(i*10)
```

运行代码，如图 18.8 所示，我们得到了"万花筒"月亮！

（a） （b）

图 18.8 "万花筒"月亮

你也可以尝试修改月亮的颜色或文字内容哦！你还能创作出哪些关于月亮的艺术画呢？如果不知道从哪里入手，可以先从改变参数、修改别人的作品开始哦！改变颜色可参考图 18.9 所示的图片。

IndianRed	#CD5C5C	205, 92, 92
LightCoral	#F08080	240, 128, 128
Salmon	#FA8072	250, 128, 114
DarkSalmon	#E9967A	233, 150, 122
LightSalmon	#FFA07A	255, 160, 122
Crimson	#DC143C	220, 20, 60
Red	#FF0000	255, 0, 0
FireBrick	#B22222	178, 34, 34
DarkRed	#8B0000	139, 0, 0

图 18.9 参考颜色